心理学的秘密

王凡 ★ 著

CAUTION

中国言实出版社

图书在版编目(CIP)数据

心理学的秘密 / 王凡著. —北京：中国言实出版社，2015.6

ISBN 978-7-5171-1395-9

Ⅰ.①心… Ⅱ.①王… Ⅲ.①成功心理-通俗读物 Ⅳ.①B848.4-49

中国版本图书馆 CIP 数据核字(2015)第 124535 号

责任编辑：郭江妮

出版发行　中国言实出版社
　　　　地　　址：北京市朝阳区北苑路 180 号加利大厦 5 号楼 105 室
　　　　邮　　编：100101
　　　　编辑部：北京市西城区百万庄路甲 16 号五层
　　　　邮　　编：100037
　　　　电　　话：64924880(总编室)　64924716(发行部)
　　　　网　　址：www.zgyscbs.cn
　　　　E-mail：yanshicbs@123.com
经　　销　新华书店
印　　刷　北京紫瑞利印刷有限公司
版　　次　2015 年 6 月第 1 版　2015 年 6 月第 1 次印刷
规　　格　710 毫米×1000 毫米　1/16　16 印张
字　　数　192 千字
定　　价　35.00元　　ISBN 978-7-5171-1395-9

序 言

心理学一词来源于希腊文，意思是关于灵魂的科学。19世纪初，德国哲学家、教育学家赫尔巴特首次提出心理学是一门科学。而原先，心理学、教育学都同属于哲学的范畴，后来才各自从哲学的襁褓中分离出来。科学的心理学不仅对心理现象进行描述，更重要的是对心理现象进行说明，以揭示其发生发展的规律。

它不脱俗、不隐秘、不矫情，它也无时无刻不存在于我们的一举一动、一颦一笑之中，无论你知道与否，这些法则都一直在你的生活里旋转，只是有急有缓。一旦彻底认识了它们，它们就会合着你的节拍律动。因此，读懂心理学显得尤为重要，它不仅能让你一眼洞穿隐藏在内心深处的真实想法，更可以帮助你抵制悲观情绪，吸取正能量。

人生之初，最需要的是一种健康的心理，一种平常的心态。一个心理不健康的人的内心，如同一片荒芜的沙漠，不会开出美艳的花朵。而一个心理健康人的内心，则像一片肥沃的土地，不管种什么，都能开花、结果，茁壮地成长。

凡成功人士都必须具备以下三点：对自己有一个清楚定位；积极面对生活；善于为人处世，只有具备了这起码的三点，才有可能遇见最完美的自己。本书从心理学的角度教你如何做到这些。将自己的人生感悟、事业的跌宕起伏与积极情绪螺旋上升的动态模型巧妙结合、娓娓道来，让读者在层层的共鸣、感慨和回味到积极情绪的馈赠。

《心理学的秘密》这本书，不仅能丰富你的心理学常识，让你对生活有更深刻的理解，更为重要的是，如果你能将这些心理学法则铭记于心，你一定能收获更为充实精彩的人生以及更加积极的人际关系。

Contents
目 录

02 改变思维才能改变事情

03 人的情绪变化总是有迹可循　093

04 社交之道要遵循内心的选择　143

05　为人处世直接反映内心活动　199

第一章

抱怨世界不如认清人性

江山易改，本性难移

江山易改，本性难移。每个人都有自己比较稳定的个性特点。

这一点在每个人的心里都可以体会得到，人的性格特征其实就是每个人最基础的心理因素的体现，人们说某个人倔强的性格，其实也就是一种执拗的心理。

人格很复杂，它是由身心的多方面特征综合组成。人格就像一个多面的立方体，每一方面均为人格的一部分，但又各自不独立。人格还具有持久性。人格特质的构成是一个相互联系的、稳定的有机系统。张三无论何时何地都表现出他是张三；李四无论何时何地也都表现出他是李四。一个人不可能今天是张三，明天又变成李四。

从前，有一个地方住着一只蝎子和一只青蛙。蝎子想过池塘，但不会游泳。于是，它爬到青蛙面前央求道："劳驾，青蛙先生，你能驮着我过池塘吗？"

"我当然能，"青蛙回答，"但在目前情况下，我必须拒绝，因为你可能在我游泳时蜇我。"

"可我为什么要这样做呢？"蝎子反问。"蜇你对我毫无好处，因为你死了我就会沉没。"

青蛙虽然知道蝎子是多么狠毒，但又觉得它说的也有道理。青蛙想，也许蝎子这一次会收起毒刺，于是就同意了。蝎子爬到青蛙背上，它俩开始横渡池塘。

就在它们游到池塘中央时，蝎子突然弯起尾巴蜇了青蛙一口。伤势严重的青蛙大喊道："你为什么要蜇我呢？蜇我对你毫无好处，因为我死了你也会沉没。"

"我知道，"蝎子一面下沉一面说，"但我是蝎子，我必须蜇你。这是我的天性。"

俗话说："江山易改，本性难移。"每个人各有自己的优缺点，独特的思维方式和交往风格。一个人如果想改造另一个人，应该明白，这种改造是非常有限度的。比如有的人天生具有某种才能，而不具备另一种才能，后天进行再多的培养和训练，也是收效甚微。在很大程度上，每个人应该按照自己天赋的才能选择适合自己的职业方向。

再比如，在夫妻关系中，我们也往往会发现，我们对对方的改造也是非常有限。因为人们有自己固定的思维习惯、生活方式，不愿意被别人所改造。而这种强行改造，只会造成感情的隔阂和冲突。不是说绝对不可以，但是在很大程度上的确是很难的。所以人们常说，结婚前要睁大双眼，结婚后要睁一只眼闭一只眼。因为结了婚，反正也很难改变什么，主要是适应了。

在生活中，我们对自己的优点应该合理地加以利用，尽量扬长避短，尽量在自己独特天性的基础上取得进步。

意志会影响成败

意志是人战胜困难，长期坚持奋斗的支持力量，它与世界观有很大关系。

所谓意志，是自觉地确定目的，根据目的支配和调节自己的行动，克服各种困难，从而实现目的的心理过程。意志是人在实践中的意识能动作用的表现，人的世界观对意志的形成和作用有重大的影响。

意志行动有以下几方面的特征：

一、意志行动是自觉地确定目的的行动，它具有两方面意义：它既发动符合于目的的某种行动，同时又制止不符合目的的另一些行动；

二、意志行动是与克服困难相联系的行动；

三、意志行动是以随意动作为基础的。随意动作是一种学会了的动作。在实现有预定目的的意志行动中，必须有相应的随意动作为基础。没有必要的随意动作的掌握，意志也无法表现出来。

古时候有个叫作乐羊子的人，娶了一位知书达理、勤劳贤惠的好妻子，她总是帮助和辅佐丈夫力求上进，做个有抱负的人。

妻子常常跟乐羊子说："你是一个七尺男子汉，要多学些有用的知识，将来好做大事。天天呆在家里或者只在乡里四邻转悠一下，开阔不了眼界，长不了见识，是不会有什么出息的。不如带些盘缠，到远方去找名师学习本领来充实自己，也不枉活一世啊！"

乐羊子被妻子说动了，就按照妻子的话收拾好行李出远门求学去了。自从那天和乐羊子依依惜别后，妻子一天比一天思念自己的丈夫，记挂他在异乡求学的情况，但她把这份惦念埋在心底，而不让乐羊子知道，以便让他安心学习。

一天，妻子正织着布，忽然听见有人敲门。她过去开了门一看，简直不敢相信自己的眼睛，站在面前的竟然是自己日夜想念的丈夫。她高兴极了，忙将丈夫迎进屋坐下。可是惊喜了没多久，妻子忽然想起了什么，疑惑地问："才刚刚过了一年，你怎么就回来了，是出了什么事吗？"乐羊子望着妻子笑答："没什么事，只是离别的日子太久了，我对你朝思暮想，实在忍受不了，就回来了。"

妻子听了这话，半晌无语，表情很难过。她抓起剪刀，快步走到织布机前，"咔嚓咔嚓"地把织了一大半的布都剪断了。乐羊子大吃一惊，问："你这是干什么？"妻子回答说："这匹布是我日日夜夜不停地织，一丝一缕地积累起来，才终于织成了一整匹布。现在我把它剪断了，前面的功夫就都白费了。学习也是一样的道理，要一点点地积累知识才能成功。你现在半途而废，不愿坚持到底，不是和我剪断布一样可惜吗？"

乐羊子听了这话恍然大悟，意识到自己错了，羞愧不已。于是短暂停留后，他再次离开家去求学，整整过了七年才学成而返。

乐羊子妻以她的远见和勇气帮助丈夫坚定了求学的意志，而乐羊子也终于以惊人的毅力克服困难，坚持学习。这个故事告诉我们，任何事业都不是一蹴而就的事，需要持之以恒的精神。没有意志的人，做事情容易半途而废，不容易取得成功，比如哥白尼写《天体运行论》用了 36 年；歌德写诗歌《浮士德》花了 60 年时间；李时珍写《本草纲目》用了 27 年；曹雪芹写《红楼梦》用了 10 年……这些伟大的作品，没有坚强的意志是不可能产生的。

一个意志明确而坚强的人，主要具有以下几方面品质：

①自觉性——对于自己的行动目的的正确性和重要性有充分的认识，尤其是明确地意识到行动效果的社会意义；

②果断性——善于明辨是非，适时作出决定并执行决定；

③坚持性——充沛的精力和坚韧的耐力；

④自制性——在意志行动中善于控制自己的情绪、约束自己的言行。

俗话说，世上无难事，只怕有心人，只有具有意志的自觉性、果断性、坚持性和自制性，才能排除万难，达到最终的目的。

人人都渴望尊重

汉高祖刘邦得到天下后，有一次与群臣讨论他打败项羽，取得成功的原因。他说："论在后方出谋划策、决胜千里之外，我不如子房；镇国安邦，治理百姓，筹办粮饷，我不如萧何；带兵百万，战无不胜，攻无不克，我不如韩信。这三个人都是杰出的人才，我能够用他们；而项羽有个谋士范增，却不能用，所以我能打败他。"

说白了，刘邦之所以成功，是因为他了解人、尊重人，使下属的才能充分发挥出来。而项羽呢，尽管"力拔山兮气盖世"，却唯我独尊，不懂得承认和尊重别人，才会导致最后的失败。

心理学认为，受到尊重是每一个人的心理需要，不管这个人先天条件如何，财富有多少，地位是高是低，任何人都需要来自别人的尊重。

美国心理学家的一个实验，证明了尊重对人心理产生的影响。

为了调查研究各种工作条件对生产率的影响，在一次经典研究中，西方电器公司霍桑工厂从一个大车间中，选出六名女工作者为被试者，做了一个实验。

这些女工的工作是装配电话中继器。她们在一个一般的车间里先工作两个星期（第一时期），以提供一个正常生产率的标准。

然后，把她们从车间安排到一个特殊的测量室，这里除了可以测量每个女工的生产情况外，其他条件都与主要装配车间相同。她们在这里工作的五个星期里（第二个时期），工作条件没有任何改变。

第三个时期，改变了对女工们支付工资的方法。以前，她们的薪金额决定于整个车间（一百个工人）的产量，现在只决定于她们六个人的产量。

到了第四个时期，在时间表上安排五分钟的工间休息——上午一次，下午一次。

第五个时期，工间休息的时间增加到十分钟。

第六个时期，建立了六个五分钟的休息时间制度。

第七个时期，公司为工人们提供一顿简单的午餐。

在随后的三个时期里，每天提前半小时下班。

第十一个时期，建立了每周工作五天的制度。最后，到第十二个实验时期，原来的一切工作条件全都恢复起来，这时的环境条件与女工们开始工作时的环境条件完全相同了。

这样翻来覆去地折腾，是为了什么呢？最后得出的结果是：不管条件怎样改变——增加或减少工间休息，延长或缩短工作日，每一个实验时期的生产率，都比前一个时期要高。也就是说，女工们的工作越来越努力，效率越来越高。

这是为什么呢？如果说某一个实验有利于提高女工的效率，可是其他实验并不如此啊，而且最后又退回到最初的条件。

实际上，"功夫在诗外"，这些实验对女工的影响并不在于直接影响她们的工作效率，而是让她们感到自己受到了重视。受到尊重和重视，使女工焕发出更大的工作热情和积极性，才提高了工作效率。

是的，每个人都需要尊重。因此，尊重是每个人心底的需要，不论他的社会地位和客观状况如何。人与人有差异，人与人在财富、地位、学识、能力、肤色、性别等许多方面有所不同，但在人格上是平等的。维护自己的自尊是人类心中最强烈的愿望，因此，满足受到尊重的需要对人来说十分重要。很多时候，人们为了获得尊重，会通过追求流行，讲究时髦，用高档商品，买名牌服装等手段来体现自己的价值。

马斯洛说："尊重需要的满足，能够使人对自己充满信心，对社会满腔热情，体会到生活在世界上的用处和价值。"但尊重的需要一旦受到挫折，就会使人产生自卑感、软弱感、无能感，会使人失去生活的基本信心。

齐国的相国晏子出使晋国完成公务以后，在返国途中，路过赵国的中牟，远远地瞧见有一个人头戴破毡帽，身穿反皮衣，正从背上卸下一捆柴草，停在路边歇息。走近一看，晏子觉得此人的神态、气质、举止都不像个粗野之人，奇怪他为什么会落到如此寒伧的地步。于是，晏子让车夫停止前行，并亲自下车询问："你是谁？是怎么到这儿来的？"

那人回答说："我是齐国的越石父，三年前被卖到赵国的中牟，给人家当奴仆，失去了人身自由。"

晏子又问："那么，我可以用钱物把你赎出来吗？"

越石父说："当然可以。"

于是，晏子就用自己车左侧的一匹马作代价，赎出了越石父，并同他一道回到了齐国。

晏子到家以后，没有跟越石父告别，就一个人下车径直进屋去了。这件事使越石父十分生气。他要求与晏子绝交。晏子百思不得其解，派人出来对越石父说："我们相国过去与你并不相识，你在赵国当了三年奴仆，是他将你赎了回来，使你重新获得了自由。应该说他对你已经很不错了，为什么你这么快就要与他绝交呢？"

越石父回答说："一个自尊而且有真才实学的人，受到不知底细的人的轻慢，倒是不必生气；可是，他如果得不到知书识理的朋友的平等相待，他当然会愤怒！任何人都不能自以为对别人有恩，就可以不尊重对方；同样，一个人也不必因受惠而卑躬屈膝，丧失尊严。晏子用自己的财产赎我出来，是他的好意。可是，他在回国的途中，一直没有给我让座，我以为这不过是一时的疏忽，没有计较；现在他到家了，却只管自己进屋，竟连招呼也不跟我打一声，这不说明他依然在把我当奴仆看待吗？既然如此，我还是去做我的奴仆好，请晏子再次把我卖了吧！"

晏子听了越石父的这番话，赶紧出来对越石父施礼道歉。他诚恳地说："我在中牟时只是看到了您不俗的外表，现在才真正发现了您非凡的气节和高贵的内心。请您原谅我的过失，不要离开我，好吗？"从此，晏子将越石父尊为上宾，以礼相待，渐渐地，两人成了相知甚深的好朋友。

互相尊重、互相信任是人类特有的精神需求，也是人类发展精神文明的基础。人与人之间缺乏起码的相互尊重，任何社会活动都不可能进行。尊重的需要分为两部分：一是自己对自己的尊重，二是他人对自己的尊重。

自信、自重、自爱、自尊等都属于人的内部尊重的需要，通常称之为自尊。自尊的需要对人来说是十分重要的。有人说："自尊是人类心灵上的伟大杠杆，是人很重要的精神支柱。"还有人说："自尊心是人对自我的一种肯定和对自我尊严和人格的维护。"自尊心也是一种催人向上的力量。只要不是过分的自尊，把自己摆在不恰当的位置，人的许多好的品质，比如严于律己、自强不息、奋斗精神、自我修养、人格尊严等等，都是与人的自尊需要分不开的。一个人如果没有了自尊心，就会做出许多为人所不齿的事情来。

除了内部尊重的需要——自尊之外，人还需要他人给予自己尊重，这叫外部尊重的需要。一般人都希望别人尊重自己的地位、身份。上面故事中的越石父并没有仅仅因为获得自由而满足，他如果无法得到别人对他人格的尊重，他仍然是痛苦的。在等级森严的封建社会尚且如此，在讲究人人平等的现代社会，被人尊重更成为每个人的基本精神需要。

人的脸皮容易形成茧子

张老师脾气不好，总爱批评学生。他几乎每个课间都把班里调皮的学生叫到办公室大声训斥。久而久之，这些孩子逐渐麻木不仁了，也不像开始时那么怕他，有的还与他顶撞。而刘老师平时很少批评学生，学生反而对他显示出敬畏。有一次，他偶尔批评一个学生，虽然语气不重，声音不大，被批评的学生竟羞愧地哭了。

我们平时常说"xxx 脸皮厚"，但是我们可能不知道，世界上其实没有天生厚脸皮的人。所谓"厚脸皮"的人，都是由于后天得不到别人的尊重，久而久之，羞耻感逐渐降低而形成的。这就是"厚脸皮定律"。

心理学告诉我们，每个人天生都是有自尊和羞耻感的。即便是婴儿，从 6 个月大的时候，就能识别"好脸"、"坏脸"。大人逗他笑，给他好脸，他会笑；大人横眉竖眼，大声吆喝，他马上会哭。

可见人都有自尊，我们只有注意孩子的自尊，他才会有羞耻感，"脸皮儿才薄"。脸皮就像手心的肉，如果经常磨它，它就容易形成茧子，以后再磨、再磨，感觉就不敏锐了。

无论是当父母的，还是当教师的，无视孩子的自尊，动辄就当众辱骂、训斥，日久天长，孩子就会视辱骂、训斥为"家常便饭"，不再脸红，不再害羞，也就是变成了"脸皮厚"的人。那时候，不仅孩子的心灵受伤，你想再影响他，也不像先前那么容易了。这是多么可悲的结局啊！

在学校里，我们会发现，经常挨批评的孩子反而经常犯错，甚至屡教不改；而那些极少受批评的学生，受到了一次批评，会难为情、内疚好几天，从而不再犯类似错误。

父母都知道，要孩子们反省是很困难的，他们通常这样指责孩子："你是怎么搞的，我已说过了多少次？"这时孩子如有反抗行为，父母又会说"你这是什么态度"，然后进行没完没了的说教。这些批评的方式很容易让人厌烦，从而变得越来越麻木。这对孩子的改过和成长是很不利的。

不论是父母、老师对孩子，还是职场上上司对下属，都要了解"厚脸皮定律"，对对方以鼓励和夸奖为主，以批评为辅，同时要注意批评的火候和方法。

人和人之间的互相指责也要小心这个定律的影响。有的夫妻之间，刚结婚的时候相敬如宾。但是过起日子来，锅碗瓢盆、柴米油盐的琐事使他们经常发生矛盾，动辄为一点小事吵架，甚至后来升级为大吵大闹。

一开始，两人还觉得怎么能这样不文明，但是矛盾却没有办法通过文明的方式得到解决。这样久而久之，吵架吵得多了，已经不觉得什么文明不文明了。男人说，这个女人太不讲理；女人说，是他把我变成了泼妇。

其实，导致这样的恶性循环，就是因为两人缺少足够的耐心和理解别人的心胸，以及没有去努力发现交流的艺术。最后两人潜意识里都觉得破罐破摔，反正自己就是粗鲁的人，我粗鲁我怕谁?！

我们应该时刻避免"厚脸皮定律"给我们造成的消极影响，也要懂得去尊重生活中的每一个人。

不断挑战自我

在电视里我们常看到国外汽车拉力赛的场面。几乎在每场比赛的过程中，都有"人仰车翻"的境头，也都有车手死伤的情况，但是车赛却年复一年，久盛不衰。还有，西班牙的斗牛运动举世皆知，那更是对死亡的直接挑战，也正因此，具有最强的刺激性。

有很多人对那些强刺激而又十分危险的运动，不以为然，常常发出感叹：何必这样玩命呢？值得吗？

心理学家马斯洛的"需要层次"理论，给我们揭示了这种特殊活动背后的心理原因。

马斯洛认为，自我实现是人的最高层次的需要。所谓自我实现的需要，是指正常的人都需要发挥自己的潜力，表现自己的才能。只有潜力、才能充分发挥出来，人才会感到最大的满足。

马斯洛说："每个人都必须成为自己所希望的那种人。""能力要求被运用，只有发挥出来，它才会停止吵闹。""自我实现的需要就是使他的潜在能力得以实现的趋势。"这些话的确揭示了人类深层的本性。

人的自我实现的需要在我们日常生活中处处都可以看到。黑格尔举过一个例子：一个小孩用石片在水面上扔出了一连串的水圈，他从一串串的水圈中看到了自己的力量而感到满足和高兴。

有人曾经问过不少钓鱼爱好者：钓鱼中什么时候最高兴、最快乐？他们一致回答：在鱼上了钩把鱼提上水面的时候。按我们的想象，大概钓鱼是为了吃鱼，为什么最高兴、最快乐的时候不是在吃鱼的时候，而是在把鱼钓上来的时候呢？这恐怕是因为把鱼钓上来，让钓鱼人看到了自己的潜力、才能，从而满足了自我实现的需要。而吃鱼的目的实现倒在其次，吃鱼也可以到市场上去买呀！

人们的本性就是注定要向前发展。如果停滞不前，人会无法忍受。有的人生活表面看来似乎平静，没什么变化，其实只是他的变化我们看不出来罢了，或者他的变化比一般人要小。但人的本性几乎没有什么不同。

世界上许多喜欢冒险的人，就是因为对平常的生活感到太习惯了，没有新奇感，没有刺激感，使他们无法振作起来。就是为了追求那种刺激性，人们选择了许多向自己挑战、表面上看似与自己过不去的活动。

比如，像比尔·盖茨等大富豪，挣的钱已经够他几辈子花的了，为什么还要辛辛苦苦、殚精竭虑地工作，在市场竞争中奋力拼杀呢？

说到底，他们无非就是要在自己的活动中实现自己想要实现的价值。这种心理追求是看不见摸不着的，但是支配着许多人的行为，甚至赋予他们激情和韧性。

在解放前，赵一曼本来出身于富裕的家庭，吃穿不愁，如果她像一般的女子那样嫁个家境相当的婆家，也许就过上了比普通人更加优裕的日子。可是她没有，偏偏选择了一条和她的出身似乎很不相符的非常艰难、危险的革命道路。这是为什么呢？这大概也是一种内心深处自我实现的需求支配了她，就是不以小我的幸福为幸福，而是渴望救国救民，渴望做一番事业。

向自己挑战，是不甘于现状的一种表现，是要发掘和贡献出新的东西。一位哲人说："评价一个人的成就，不仅要看其提供了多少东西，而且还要看他提供了多少新东西。"提供新东西，有所作为，这正是人们所追求的。奥林匹克体育运动的格言是：更高、更快、更强。更高、更快、更强，就是要提供新的东西。体育比赛为什么吸引人，关键在于它永远向极限挑战，永不满足于已有的成绩。

自古英雄多磨难

生活在现实世界中的人，总会遇到许多不如意的事。比如生了病不能上班；上学、游玩、乘车外出突然车坏了；上街买东西买了伪劣产品；做饭切菜不小心切破了手；两口子拌了嘴；在单位受到了批评；工作没完成任务；恋爱婚姻失败；亲人亡故，等等。这些情况，在心理学上概括地称为"挫折"。

挫折的产生是不以人们的意志为转移的，不管你愿意不愿意，它是必然要发生的。它是一种普遍的社会心理现象，古往今来，古今中外，即使贵为天子，富可敌国，也无法逃脱挫折。

一个人在一生中不知要遇到多少挫折。人生道路上，风风雨雨，坎坎坷坷，酷暑严寒，没有人能逃避。

为什么挫折不可避免而具有必然性呢？就是因为人的力量是有限的，而困难是层出不穷的。战胜了旧的，新的、更大的困难又会冒出来。

俗话说的好："人生逆境十之八九。"人生的道路大多坎坷不平，天灾人祸、生老病死、悲欢离合是人之常情。在社会心理学中，挫折指当个体从事有目的的活动时遇到障碍和干扰，动机不能获得满足时的心理状态。挫折由客观事物引起，但挫折本身却是一种主观的心理体验。个体的重要动机受阻碍时，挫折感大，而小的动机不能实现时则不以为然。

同样一种失败，由于追求和期望的不同，产生的挫折感就不同。例如两个青年同时考大学，一个要求不高，另一个则希望上名牌大学。他们最终都考取了一般大学。那么一个喜气洋洋，另一个就可能深感失望。挫折对人有利有弊。它能激发动机，促使人从逆境中奋起，所谓"自古英雄多磨难"，"失败是成功之母"。当然，挫折也给人忧虑、痛苦，长期受挫或遭到重大打击，还易使人精神崩溃。由于个性和生活经验的不同，不同的人对挫折的承受能力也不同。

齐庄公的时候，有个勇士名叫宾卑聚，一向以勇武闻名。一天夜里，他梦见一个壮士，身材魁梧，头戴白色绢帽，外穿耀眼的红色麻布盛装，内穿棉布做的衣服；帽上坠着红色的丝穗，脚穿一双崭新的白色缎鞋，身上挂着一个黑色的剑囊。这个威武的大汉走到宾卑聚面前，大声地呵斥他，还朝他脸上吐唾沫。

宾卑聚勃然大怒，一下子醒过来了，却发现是个梦。尽管这样，他依然非常气愤，一夜没有睡。

第二天天一亮，宾卑聚就把他的朋友们都请来，向他们讲述了前一天晚上做的梦。然后他对朋友们说："我自幼崇尚勇敢，六十年来从没受过任何欺凌侮辱。可是昨天夜里，我在梦中受到如此的侮辱，心里怎么能咽下这口气？我一定要找到那个敢于在梦中骂我，并向我吐唾沫的人。假若在三天之内找到他，我就要报仇雪耻；如果三天之内找不到他，我也没脸面活在世上了！"

于是，每天一早，宾卑聚就带着他的朋友们，站在行人过往频繁的交通要道上，寻找跟梦中打扮、长像一样的人。可是，三天过去了，他们始终没有看到一个如梦中一般打扮的壮士。宾卑聚气馁地回到家中，感到很绝望，长长地叹了一口气，然后拔出剑自刎了。

仅凭梦中的一点不快便耿耿于怀，甚至自暴自弃、含恨自尽，是多么愚蠢啊！这虽然是个极端的例子，但因为挫折而无法解开心理疙瘩，耿耿于怀，而影响正常生活的人，在我们的身边是大有人在的。

实际上，挫折对每个人都是无法避免的，比如家里亲人重病，自己却远在他乡，无法及时赶回；重病缠身，无论药物的功效如何好，总要一段时间才能康复。这些都是个人能力无法克服的。挫折的形成既有内在因素，也有外在因素。内在因素有：个体生理上的缺陷，智力、才能、知识、文化等的差距；多种需要的冲突，如色盲者难实现学医或绘画的志愿；体弱多病不能胜任自己的工作；家庭与事业矛盾的苦恼，等等。外在因素包括自然环境因素和社会因素，其中社会因素造成的挫折最多，伤害最大。如罗密欧与朱丽叶因家族矛盾，有情人不能成为眷属，饮恨而死；有才华的人因受嫉妒而遭受排斥打击，等等，不胜枚举。

此外，在人类社会发展史上，每一项成就，每一次进步，也往往都伴随着许多挫折和失败。

比如人类在发展生产力过程中，对环境保护问题的深刻认识，就是在挫折中进展的。

全长346公里的泰晤士河，像条彩带飘荡在大不列颠的东南部，然后从西插入伦敦市区，东流入海。

一个多世纪之前，英伦三岛成为"世界工厂"。无数的工业品通过泰晤士河输往海外，无数的矿产、羊毛、粮食、橡胶……从这里进入伦敦，使泰晤士河成为大英帝国的黄金之源。

然而，工业的发展虽然给英国带来了巨大的财富，同时却造成了严重的环境污染。泰晤士河充满了垃圾、化肥和农药残留物等有害物质，伦敦的雨水又将大量烟尘和灰渣冲入河中，使河水发黑发臭，变成一条死河。

与此同时，从工厂烟囱和无数居民家壁炉中冒出的浓烟，又在伦敦上空形成了含有大量有害气体的浓雾，使伦敦成为"雾都"，并对市民的生命和健康造成了巨大损害。

严酷的事实使人们警醒，只顾经济发展，无视生态环境的恶化，人类必将受到惩罚。从此，英国政府开始重视环境保护，并采取了一系列的有效措施。到1981年，伦敦的环境才大大改善。

尽管世上有无数卓越的科学家，但是面对各种人们预料不到的困难，人们仍需要从挫折中学到智慧。

因为，面对同一种打击，有的人坚定不移，有的人颓废沮丧。这种"挫折容受力"的差异，与个人价值观、人生观有关联。"挫折容受力"还与个人的性格有关。心胸开阔、性格外向的人，对挫折能泰然处之，并能以积极的外部活动转移受压抑的心情；性情忧郁、内向的人，对事物过分敏感，爱自寻烦恼，挫折承受能力自然脆弱。个人的生活经验、健康状态等因素，也都能影响"挫折容受力"。鲁迅曾说过："用笑脸来迎接悲惨的厄运。"这应该成为我们遇到挫折时的座右铭。

其实，生活中人们的智力差别往往没有我们想象的那么大。一些人们公认的天才人物，与其说他们智慧超群绝伦，倒不如说他们战胜挫折的勇气超乎常人。比如爱迪生，试验电灯的材料，试验了几千次才成功。你说他聪明吗？如果聪明，怎能失败那么多次？其实他的聪明之处就在于，他不被挫折打垮，他执着地试验下去，直到成功。

其实，一个人只要在前进，他就不可能避免挫折。因为几乎任何一个进步都是挫折带来的。正是因为遇到了不可战胜的困难，才让你意识到需要提高能力水平。只有挫折才能让你意识到需要提高自己，没有挫折，人只会停步不前。所以进步必是与挫折同在的。

因此一个名人说："成功的次数比失败要多一次。"也就是说，成功和失败只是跌倒和爬起的不断更迭而已，而最后一次，如果你爬起来了，你就算成功了。可是许多人看不到的，却是成功者成功前的无数次跌倒。

旁观者清，当局者迷

我们对这个世界的认识从对自我的认识开始，而自我知觉的正确与否，影响着我们对周围世界的适应。

自我知觉是以自我作为认识的对象，是个体对自己的认识，它属于社会知觉的一种形式。自我既是认识的主体，同时也是认识的客体。其认识的主要对象包括自己的个性心理的一切方面及相应的行为表现。自我知觉是在交往过程中随着他人的知觉而形成的。对自我知觉和对他人的知觉二者是紧密联系的，对他人的知觉愈深刻、全面，对自我的认识就会愈随之而发展。

自我知觉对自身的行为有重要的调节作用。正确的自我知觉会使一个人在群体中的行为得体；相反，一个缺乏自知之明的人常常会遭到各种不应有的挫折。

从前，有个里长押送一个犯罪的和尚到边疆去服役。这个里长有点糊涂，记性也不大好，所以每天早晨他上路之前，都要先把所有重要的东西全部清点一遍。他先摸摸包袱，自言自语地说："包袱在。"又摸摸押解和尚的官府文书，又告诉自己说："文书在。"然后他走过去摸摸和尚的光头和系在和尚身上的绳子，又说道："和尚在。"最后他摸摸自己的脑袋说："我也在。"

里长跟和尚在路上走了好几天了，每天早晨都这样清点一遍，不缺什么才放心上路，没有一天漏掉过。那个生性狡猾的和尚对里长的一举一动都看在眼里。

一天，和尚灵机一动，想出了一个逃跑的好办法。

一天晚上，他们俩照例在一家客栈里住了下来。吃晚饭的时候，和尚一个劲地给里长劝酒："长官，多喝几杯，没有关系的。顶多再有一两天，我们就该到了。您回去以后，押送我有功，一定会被上级提拔，这不是值得庆贺的事吗？不是值得多喝几杯吗？"里长听得心花怒放，喝了一杯又一杯。慢慢手脚不听使唤了，最后终于酩酊大醉，躺在床上鼾声如雷。

和尚赶快去找了一把剃刀来，三两下把里长的头发剃得干干净净，又解下自己身上的绳子系在里长身上，然后就连夜逃跑了。

第二天早晨，里长酒醒了。他迷迷糊糊地睁开眼睛，就开始例行公事地清点。先摸摸包袱："包袱在。"又摸摸文书："文书在。""和尚……咦，和尚呢？"里长大惊失色。忽然，他瞅见面前的一面镜子，看见了自己的光头，再摸摸身上系的绳子，就高兴了："嗯，和尚在。"不过，他马上又迷惑不解了："和尚在，那么我跑哪儿去了？"

这个里长愚蠢到连自己和别人都分不清了。当然，这是个夸张的寓言故事，生活中除了精神不正常的人，不太可能有糊涂到如此地步的人。但是我们也要提防犯五十步笑百步的错误——想一想，难道我们能够保证在任何时候都对自己有绝对清醒的认识吗？

我是谁？我从哪里来，又要到哪里去？这些问题从古希腊开始，就有人问自己了，都没有得出令人满意的结果，但人类从来没有停止过对自我的追寻。

认识自己，心理学上叫自我知觉。心理学研究表明，认为自己是怎样的一个人比他自己真正是怎样的一个人更为重要。像老子说的："知己者强。"一个人越了解自己，就越有力量，因为他知道怎样扬长避短，以及怎样最好地发挥出自己的潜力。因为每个人都是按自己认为自己是怎样一个人而采取行动的；同时，也通过外部行动来证明这种自我认识的正确。一个人该干什么，怎么干，为什么这样干都来源于自我认识。自我认识正确，就能在心理上有效地控制自己，使自己的行为恰到好处；否则，就像盲人骑瞎马，不清楚自己的思想、行为到底该往哪个方向去，必然处处碰钉子、犯错误。

但是认识自己是很难的。在日常生活中，人既不可能每时每刻去反省自己，也不可能总把自己放在局外人的地位来观察自己。正因为如此，个人便借助外界信息来认识自己。由于外部世界的复杂多变，个人在认识自我时很容易受到外界信息的暗示，我们往往不能客观地、如实地认识自己，不是过高就是过低地估计了自己。常言说："旁观者清，当局者迷。"苏轼写的《题西林壁》诗云："不识庐山真面目，只缘身在此山中。"都可用来说明这种情况。因此，不仅中国有"人贵有自知之明"的名言，古希腊著名哲学家苏格拉底也说过名言："认识你自己。"

人们常犯的一个错误，是很容易相信一个笼统的、一般性的人格描述特别适合他。即使这种描述十分空洞，他仍然认为反映了自己的人格面貌。

曾经有心理学家用一段笼统的、几乎适用于任何人的话让大学生判断是否适合自己，结果，绝大多数大学生认为这段话把自己概括得非常准确。让我们看看这段话是否适合我们呢？

"你很需要别人喜欢并尊重你。你有自我批判的倾向。你有许多可以成为你优势的能力没有发挥出来，同时你也有一些缺点，不过你一般可以克服它们。你与异性交往有些困难，尽管外表上显得很从容，其实你内心焦急不安。你有时怀疑自己所做的决定或所做的事是否正确。你喜欢生活有些变化，厌恶被人限制。你以自己能独立思考而自豪，别人的建议如果没有充分的证据你不会接受。你认为在别人面前过于坦率地表露自己是不明智的。你有时外向、亲切、好交际，而有时则内向、谨慎、沉默。你的有些抱负往往很不现实。"

这其实是一顶套在任何人头上都合适的帽子，而太多的人爱把这顶帽子往自己头上戴。

这种对自己的错误认知在生活中十分普遍。拿算命来说，很多人请教过算命先生后都认为算命先生说的"很准"。其实，那些求助算命的人本身就有易受暗示的特点。当人的情绪处于低落、失意状态的时候，对生活失去控制感，于是，安全感也受到影响。一个缺乏安全感的人，心理的依赖性也大大增强，受暗示性就比平时更强了。加上算命先生善于揣摩人的内心感受，稍微能够理解求助者的感受，求助者立刻会感到一种精神安慰。算命先生接下来再说一段一般的、无关痛痒的话便会使求助者深信不疑。

那么人应该怎样真正认识自己呢？这就需要人经常仔细地反省自己，不受外界环境的左右。曾子说："吾日三省吾身。"就是靠经常性的自我反省和思考，来了解自己的本性及其变化。别人的意见不是不能听，恰恰有时旁观者清，当局者迷，但是在听完别人的意见后，一定要进行自己独立的分析，也就是说，你永远不能把自己的脑子交给别人，永远要保持自己的清醒的独立的头脑。

此外，我们还不能孤立地了解自己，要认识自己的心理、生理、人际关系、社会地位等方面的情况，就要同与自己各方面条件相当的人进行比较。有比较才会有鉴别，没有比较也就无所谓好坏、优劣、高低、美丑。心理学家把一个人通过与他人的能力、条件的比较而实现的对自己价值的认识与评价过程，称为"社会化比较过程"，这也是了解自己不可或缺的途径。

得陇望蜀，永不知足

人的动机在得到满足后，心理紧张会消除，但接下来又会产生新的动机，这决定了人的需求具有不断提高的倾向。

人的需要总是不断发展的，这可以说是一条规律。从客观上说，是因为社会在不断发展，社会的经济、科技在不断进步，社会存在决定社会意识，随着社会的前进，人们的需要也必然随之发展。此外还有主观上的原因。从主观上讲，人的某种需要一旦得到满足，它的强度就会减弱，以至消失，而在此基础上又会产生新的需要。

马斯洛说："一种需要一旦得到满足，它就不再成为需要。"人的一生实际上都处在不断追求之中。

《后汉书·岑彭传》中记载：东汉初年有两个地方势力首领，名叫隗嚣和公孙述，分别割据陇（今甘肃东部地区）和蜀（今四川中西部地区）两地。东汉光武帝派大将军岑彭等率军队去攻打隗嚣占据的西城、上邽两城。当时光武帝给岑彭写了一封信，说如果攻占了陇地两城，便可率军去攻打蜀地的公孙述，并发感叹说：人所苦恼的就是不知足，既已平定陇地，又盼望得到蜀地了！

"得陇望蜀"这个成语就是从这里得来的，后来常用来形容人的贪欲没有止境。

人们常说："人的欲望是无穷的。"春秋时荀子也说过："贵为天子，欲不可尽。"意思是，像天子那样的地位，什么享受不到呢？即使那样，仍然还有无穷的欲望要满足。

这些话和成语"得陇望蜀"一样，在使用时常常带有贬意。

但是如果从心理学上来看，这是人的一种客观的属性。

心理学家认为，人的需要不可能是静止的、不变的，总是原有的需要满足了，又产生新的需要。这是很自然的现象。因为人的感觉器官同外界接触，随着接触多而频繁，触觉会随之衰减。衰减率与满足程度成正比，满足度越高，衰减率越高。就像俗话说的："饿了吃糠甜如蜜，饱了吃蜜也不甜。"

人本主义心理学代言人马斯洛有一个重要学说叫"需要的层梯"论。他认为人的需要有五种：生理需要、安全需要、从属和爱的需要、尊重需要、自我实现需要。虽然人类的所有需要都已本能化了，但各种需要强度是不同的。这些强度不同的本能化需要，马斯洛假设它们以层梯形式分布，位于层梯底部的需要比上面的需要更为强烈，与动物所拥有的需要更相类似；位于层梯上部的需要却是为人类所特有的。

马斯洛对低级需要和多级需要之间的差异作了概括，其中一个重要特点是，虽然高级需要与生存没有直接关系，但它们的满足是更值得追求的，因为满足这类需要能引出更深刻的幸福体验，达到精神安宁和内在生活的充实。

每个人都沿着需要层梯向上攀登，在满足了某个层次的某些有代表性的需要后，他就应当向下一个更高的需要层次递进。而能否引起需要，又取决于两个条件：一个是个体感到缺乏些什么，有什么不足之感；另一个是个体期望得到什么，有何种求足之感。所以，需要实际上就是在这两种状态下所形成的一种心理现象。

一般说来，当人们产生了某种欲求或需要时，心理上就会产生不安与紧张的情绪，成为一种内在的驱动力。随后就发生选择或寻找目标的心理趋向，当目标找到后，就开始满足需要的活动，当行为告成，需要就在不断满足过程中被削弱。行为结束，人的心理紧张消除，然后又有新的需要发生，再引起第二个行为。这样的周而复始，不断递进。

人们得陇望蜀，永不知足的特点，正是这种心理规律的必然反映。

得陇望蜀，有时会成为我们提升自己、追求进步的动力；而对一些单单崇尚物质的人来说，却可能成为走上犯罪道路、走上邪恶道路的动力。比如许多贪官贪心不足蛇吞象，大肆利用职权贪污，成为国家的蠹虫。而像比尔·盖茨之类有比较高精神追求的人，却已经把金钱只"看成一个数字"，积极从事慈善事业不说，还把遗产捐给社会，因为他追求的已经超越了物质的低级层面，而比较高的追求则是对"尊重"和"自我实现"的需要。

气质决定行为

气质是人看不见摸不着的特征，但它微妙地左右着人的思想与行为。

气质是个人心理活动的稳定的动力特征。心理活动的动力特征主要指心理过程的强度，心理过程的速度和稳定性以及心理活动的指向性等方面的特点。气质是一个很古老的概念，它是个性心理特征之一。一般人所谓性情、脾气，是气质的通俗说法。

古希腊著名医生希波克拉特就观察到人有不同的气质。他认为人体内有四种体液：血液、粘液、黄胆汁和黑胆汁。四种体液协调，人就健康；四种体液失调，人就生病。希波克拉特根据各种体液在体内占优势的情况，把人的气质分为四种基本类型：

①多血质的人体液混合比例中血液占优势；

②粘液质的人体液混合比例中粘液占优势；

③胆汁质的人体液混合比例中黄胆汁占优势；

④抑郁质的人体液混合比例中黑胆汁占优势。

现代心理学认为，气质是人典型的、稳定的心理特点。主要表现在情绪体验的快慢、强弱，隐显的表现及动作的灵敏或迟钝方面。它是高级神经活动类型的外部表现，使每个人的整个心理活动的表现都涂上个人独特的色彩，在人与人之间的相互交往中显示出来。

前苏联心理学家达维多娃讲过一个故事，形象地描述了在同一情境中，四种基本类型的人的不同行为表现。

四个不同气质类型的人去剧院看戏，但同时迟到了。

这时胆汁质的人就和检票员争吵，企图闯入剧院。他辩解说，剧院里的钟快了，他进去看戏不会影响别人，并且企图推开检票员闯入剧场。

多血质的人面对这样的情况，立刻明白，检票员是不会放他进入剧场的，但是通过楼厅进场比较容易，于是就跑到楼上去了。

粘液质的人看到检票员不让他进入剧场，就想："第一场不太精彩，我在小卖部等一会儿，幕间休息时再进去。"

抑郁质的人会想："我运气真不好，偶尔看一次戏，就这样倒霉。"接着就回家去了。

以上是四种气质的典型特征。心理学家巴甫洛夫说过："气质是每一个人的最一般的特征，是他的神经系统最基本的特征。而这种特征在每一个人的一切活动上都打上一定的烙印。"

可见，气质是不以人活动的动机、目的和内容为转移的，是一种稳定的心理活动的动力特征。俗话说："江山易改，本性难移。"一个人的气质类型和气质特征是相当稳定的。但是，气质又不是一成不变的，气质在教育和生活条件影响下会发生缓慢的变化。可见，气质既有稳定的一面，又有可塑性的一面，是稳定性和可塑性的统一。在实际生活中，人的气质类型要比这四种类型复杂得多，多数是介于四类之间的中间类型或混合型。

气质本身并没有好坏之分，因为任何一种气质类型都有其积极的一面和消极的一面。例如，胆汁质的人积极和生气勃勃等是他的优点，但他有暴躁、任性、感情用事等缺点；多血质的人灵活、亲切等是他的优点，但也有轻浮、情绪多变等缺点；粘液质的人沉着、冷静、坚毅等是他的优点，但也有缺乏活力、冷淡等缺点；抑郁质的人情感深刻稳定等是他的优点，但也有孤僻、羞怯等缺点。我们要注意发扬气质中积极的方面，克服消极的方面。

态度决定一切

态度决定人的行为，而态度是由价值观、人生观所造就的。

态度是人们对某一对象的评价和准备行动的心理倾向，它含有认知、情感及意向三种成份。

认知成份是对态度对象所持有的观点、知识含有评价的意思，如"长跑有助于身体健康"一语，就既反映了对这种活动的认识，又含有肯定的评价。

情感成份是对事物的情感体验，包括喜欢——讨厌，尊敬——轻视，同情——排斥等积极或消极的情感。

意向成份指个人对态度对象的行为准备。例如，某人凭商品知识和别人的介绍，认为某个牌子的商品确实不错（认知成份），很喜欢这种牌子，渴望能买到这种商品（情感成份），还积极地存钱（意向成份）。三者统一起来，就构成了一个人的态度。

俄国著名作家果戈里一直以勤奋写作著称。他每天都坚持写作，废寝忘食。他曾说过："一个作家，应像画家一样，经常带着铅笔和纸张。一个画家如果虚度了一天，没有画成一幅画稿，那很不好。一个作家如果虚度了一天，没有写一个思想，一个特点，也很不好。"

有一次，果戈里请一位朋友到饭馆用餐，一份菜单引起了他的兴趣，他于是拿起笔来，在笔记本上抄写。饭菜上齐了，他还在埋头抄写，早把朋友忘到九霄云外去了。朋友见他如此冷淡，嘟囔着："你是请我来吃饭，还是请我来陪你抄菜单的?"气呼呼地离开了饭馆。后来这份菜单被用在了果戈里的一篇小说中。

果戈里为什么会有这样与众不同的行为呢?从心理学来讲，他的行为体现了他的态度：就是把写作视为生活中最重要的部分。

我们知道，在现实生活中客观存在的对象和现象是多种多样的。人对客观现实的态度也是多种多样的。有公而忘私，忠心耿耿，礼貌特人，富有同情心的；也有假公济私，三心二意，粗暴虚伪，冷酷无情的；有自尊、自爱、严于律己的，也有自卑放任的；有勤奋认真、细致节俭的，也有懒惰马虎、墨守成规的。

果戈里之所以请客却气走了客人，是因为他对待工作的态度是认真的、勤奋的，甚至达到了忘我的境界。或者说，他认为积累写作素材比日常生活中的礼节和礼貌重要，才在不知不觉中忽视了对朋友的礼貌。当然也正因为这种态度，他才成为了不朽的文学家。

因此，所谓态度，体现的是一个人的主要价值观和自我概念。比如一个人如果认为生命的意义在于对美的追求，那么他对艺术就会持有积极肯定的态度。一个人喜欢维护正义，性格勇敢，他可能选择当一名警察。一个人如果原则性不强，就会显出与世无争、事不关己高高挂起的态度……

总之，行为体现着一个人的人生态度，一个人的态度支配和左右着一个人的行为。

态度往往决定着我们对外界影响的判断和选择。

国外有人曾做过实验，把普林斯顿大学和达得毛斯大学两校的足球赛录像，分别播放给两校学生看。结果普林斯顿大学的学生发现，达得毛斯球队犯规次数比裁判指出的多两倍。可笑的是，达得毛斯大学的学生则更多地指出，普林斯顿球队有许多次犯规而没有受罚。

这两种不同的判断，是因为两校学生维护各自学校荣誉的立场和期望本校球队获胜的态度造成的。

有时候态度会增强我们的忍耐力。比如一个人对自己所属的群体有认同感、荣辱感和忠诚，就会表现出巨大的能量和惊人的耐力。历史上许多革命者和爱国者身上惊人的耐力和牺牲精神，就是和他们崇高的信念和对祖国人民的忠诚态度分不开的。

在学习中，态度会影响到学习的效果好坏。一般的，对学习的意义了解的比较清楚，对学习怀有兴趣的人，会对学习采取认真、积极的态度，也能有更好的学习效果。

同样，态度对工作效率也有影响。人们如果喜爱自己所从事的工作，了解自己的工作意义，就会认真努力地工作，也容易取得更大的成就。

据哈佛大学的研究发现，一个人是否得到一份工作，85%取决于他的态度，而只有15%取决于他的智力和业务知识。

有一位女孩从化工大专毕业后，被一家橡胶公司聘用，试用期为6个月。4个月后公司要裁掉一人，因为她的资历较浅，被选中了，再有3天，她就要走人。

本来，女孩可以和公司把工资结清就走，但她认为，她还是公司的职员，就有义务把工作做好。最后那天，同事们让她下午不必来了，活由她们包了。但女孩没有同意，仍然和平时一样认真地工作。她把工作台洗刷得一尘不染，把用过的烧杯和试管摆放得整整齐齐。

第二天，劳资部负责人告诉她，她被留下来了，原因就是因为她突出的敬业精神和良好的工作态度。

可以说，态度决定一切。有认真的态度和兢兢业业、一丝不苟的作风，做任何事都会有更大的成功概率。

人们往往容易自我原谅

如果问许多人一个问题：你觉得自己是好人么？恐怕没有几个人说：不是。而且他们是打心眼里这样以为的。

生活中的一个很普遍的现象就是：大多数人都不认为自己是坏人。即使自己有邪恶的行为，他们也会为自己找到借口，或者下意识地把责任推给别人。这就是"自我宽恕定律"。

基督教和佛教都倡导忏悔，就是主张人们去发现自己的过错，并进行悔改。而在生活中，许多人不仅仅是为了怕承担责任，而是从心底里无法发现自己的错误和罪过。

比如一个杀人犯杀了许多人，被抓获后，他对自己的罪行不以为耻，反而觉得是社会待自己不公造成的。他出身贫苦，觉得现实对他很不公正，他是为寻求"公正"而去从事暴力行动的。而且在他的黑社会团伙里，他是"大哥"，俨然以"英雄"自居，没有半点罪恶感。

还比如，一个偷窃工厂原材料的小偷说："我偷的是公家的，又不损害个人！"

一个抢了富翁的抢劫犯说："他有的是钱，就一定是正道来的吗？不抢他抢谁？"

看看，连犯罪都有理。这就是极为普遍的自我宽恕定律在作祟。

不仅仅是罪犯，在现实生活中我们每一个人对自己的错误，都有这种心理倾向。

对员工吝啬的企业家认为："家业是我创的，资金是我投的，这年头工作难找，我不让你们失业就不错了。"

打人的说："谁让你骂我！"骂人的叫："谁叫你踩了我的脚还不道歉！"

夫妻之间吵架，也经常是公说公有理，婆说婆有理，都觉得自己付出的多，对方太自私。

这是因为人性有个根深蒂固的特点，就是发现别人的错误容易，却不容易看到自己的错误。

比如，我们不喜欢被人议论，可是我们自己却喜欢背后议论人。

我们自己的自私、善妒等品质，我们自己总是认识不到；如果别人对我们这样，我们却反应强烈。

当和别人发生冲突时，我们很难站在客观的立场上审视谁是谁非，而只是站在自己的立场上，认为和自己有矛盾的人就是坏人，其实人家可能也正是这样看你的。而我们自己恐怕很难想象自己在别人眼中竟是"坏人"吧！

发现自己的错误并予以承认，是一种可贵的品质。汉武帝是个对中国历史作出过重大贡献的帝王。然而，在他统治期间，由于发动了一场长达30多年的对外战争，给人民造成了沉重的经济负担，牺牲了无数生命，造成各类矛盾的激化。

这时，桑弘羊上书，请求在西北边陲轮台扩大屯田5000多顷，以就地解决军粮，扩大战争。武帝深刻地反省自己后，下了一道历史上著名的"轮台罪己诏"，检讨了自己的过失，并宣布从此在政策上改弦更张，停止战争，注意休养生息。作为一个专制帝王，能够面对现实，扪心自责，是比较难得的。

曾子说："吾日三省吾身"，就是号召我们经常反省自己，发现自己的缺点并改正之。

第二章

改变思维才能改变事情

认识思维本身的特点

思维比感觉和知觉更高级的地方在于，它可以认识事物的本质和内在联系。

思维过程是人的认识活动的高级阶段。思维同感觉、知觉等心理过程一样，都是人对客观事物的反映，所不同的是思维能反映现实的事物和对象的本质特征，并揭示事物与现象之间的各种内在联系。思维在人的认识活动中起着重要的作用。

人们在看得见、摸得着的东西的基础上，通过思维可以深入到那些看不见、摸不着的东西当中去。因此，思维能够掌握事物的深邃的特性，以及它们之间的相互关系和联系。人们正是借助于思维过程，才得以实现对客观事物、过程等的由此及彼、由表及里、由现象到本质的辩证认识的转化。

陈述古是宋代枢密院直学士。有一年，他走马上任到建州浦城县担任县令。陈述古刚到任没几天，便遇到需要审理一宗盗窃案。根据案子线索，他派人将好几个盗窃嫌疑犯抓捕归案。可是这些人都拒不承认自己偷了东西，都说自己冤枉。于是陈述古先让衙役把这些嫌疑犯带下去。

第二天，陈述古将这些嫌疑犯全都带上来，对他们说："你们中谁是真正的罪犯，本官自能查个水落石出。后院庙里有一口钟，它能分辨谁是盗贼，极为灵验。"他让下属将这些嫌疑犯带到官署后院，严肃地对他们说："你们进去走到钟边，每人用手摸一下钟。没有偷东西的人，摸这口钟时，悄无声息；偷东西的人摸这口钟时，钟会发出洪亮的响声。"

接着，陈述古亲自率同僚们先站在钟前围成一圈，闭目祈祷，十分虔敬。祭祀完毕，又用帷帐将钟罩起来。然后，他命抓来的嫌疑犯每人伸手去帷帐里摸钟。都摸完了，钟也没有发出半点声响。那真正的盗贼心中窃喜，以为自己躲过了大钟的检验。

可是，在出庙门时，陈述古命这些嫌疑犯一个个伸出手来检查，发现其中除了一人，其余的手上都有墨汁。陈述古厉声喝道："将此盗贼拿下！休得蒙混过关！"那手上没有墨汁的盗贼冷不防吓得心惊肉跳，自知已是逃脱不过，只得从实招认自己的盗窃罪行。

原来，陈述古用帷帐将钟罩起来之前，已先命人在钟上涂了墨汁。他判断：没偷东西的不怕摸钟会发出声响，而偷了东西的贼则害怕摸钟会发出声响而暴露自己（古时候的人比较迷信），一定不敢摸钟，因此他的手上肯定没有墨汁。那个盗贼自以为聪明，他伸出手去假装摸钟却没有真摸，正好中了陈述古的妙计。

心理学把类似陈述古那种思索和判断的过程叫做思维。我们可以看出，思维具有间接性和概括性。比如陈述古并没有亲眼看见盗贼偷钱，也很难再做更多的"调查研究"，他是使用间接的方法，使盗贼自我暴露，间接地认识了盗贼盗窃的事实。

或者说，陈述古的判决不是从他的直接感知获得的，而是根据所观察到的事实，做了一番认真的思考间接地推断出来的。这种判决是建立在对事物的概括的认识、对事物的一般性特性的认识基础上的。

为什么陈述古可以找出盗贼呢？因为根据常情，盗贼在没有人看见的情况下，因为担心钟真的会响而不敢去摸钟，最后唯一没有摸钟的人，一定就是盗贼。如果没有这种概括的认识，陈述古就不可能间接地得出这个推断。因此，有人又把思维定义为人脑对客观事物所进行的概括和间接的反映。

可怕的心理暗示作用

巧妙的心理暗示会在不知不觉中剥夺我们的判断力，对我们的思维形成一定的导向。

暗示是在无对抗的条件下，通过语言、行动、表情或某种特殊符号，对他人的心理和行为产生影响，使他人接受暗示者的某一观点、意见，或按暗示的方式活动。暗示只要求受暗示者接受一些现成的信息，并以无批判地接受为基础。暗示不需要讲道理，而是靠一种提示。

比如美国有一种戒烟电话，当一个人烟瘾上来难以抑制时，就可以拨打一个特定的号码，接通后话筒里就会传来叫人难以忍受的气喘声和咳嗽声。这就是使用暗示方法帮助人打消烟瘾，最后得以成功戒烟。

暗示可以是语言的、行动的、表情的，也可以是某些符号。

如商场的橱窗里经常摆放一些穿着时服的塑料模特，你看到了，这就是对你的符号暗示，暗示你"这件衣服多漂亮啊，快来买吧"；当你看到一些人在商场里选购这些衣服时，你又获得了一种行为暗示；某人买完衣服后喜形于色，对你又形成了表情暗示；而有人买完衣服后还赞不绝口，说是物美价廉，这又给你传递了语言暗示。

这些符号、行动、表情和语言，虽然没有直接地"号召"你去买衣服，但是通过含蓄的、间接的暗示方法达到了这种目的。

关于心理暗示，古希腊哲学家、教育家苏格拉底早有认识。

有一次，学生们向苏格拉底请教怎样才能坚持真理。苏格拉底让大家坐下来。他用拇指和中指捏着一个苹果，慢慢地从每个同学的座位旁边走过，一边走一边说："请同学们集中精力，注意闻空气中的气味。"然后，他回到讲台上，把苹果举起来左右晃了晃，问："有哪位同学闻到苹果的气味了吗？"有一位学生举手站起来回答说："我闻到了，是香味儿！"

"还有哪位同学闻到了？"苏格拉底又问。学生们你望望我，我看看你，都不作声。苏格拉底再次走下讲台，举着苹果，慢慢地从每一个学生的座位旁边走过，边走边叮嘱："请同学们务必集中精力，仔细闻一闻空气中的气味。"回到讲台上后，他又问："大家闻到苹果的气味了吗？"这次，绝大多数学生都举起了手。

稍停，苏格拉底第三次走到学生中间，让每位学生都闻一闻苹果。回到讲台后，他再次提问："同学们，大家闻到苹果的味儿了吗？"他的话音刚落，除一位学生外，其他学生全部举起了手。那位没举手的学生左右看了看周围，慌忙也举起了手，他的神态引来一阵笑声。

苏格拉底也笑了："大家闻到了什么味儿？"学生们异口同声地回答："香味儿！"苏格拉底脸上的笑容不见了，他举起苹果缓缓地说："可是这是一枚假苹果，什么味儿也没有。"

苏格拉底的学生们之所以"瞪着眼睛说瞎话"，是因为受到了他的暗示。他暗示这是一个真苹果，有着苹果诱人的芳香，而他的学生们压根也没想到，这根本不是苹果！苏格拉底就是要通过暗示来考察他的学生们是用自己的感觉来判断，还是盲目听信别人。

心理暗示现象的存在在人们的日常生活中非常普遍，暗示每天都在不同程度地影响着人们的生活。比如，你可能有过这样的经历：一道新菜上来，尝一尝并没有觉得有什么特殊滋味，等主人详细介绍之后，你才渐渐体会到菜的新奇和特殊。

再比如，有一天同事突然说："你的脸色不太好，是不是病了?"这句不经意的话你起初还不太注意，但是，不知不觉地，你真的会觉得头重脚轻，浑身隐隐作痛，似乎自己真的病了似的。最后，因为太担心，你到医院做了一番检查，当权威的医生向你宣布"没病"之后，你顿时觉得浑身轻松，充满活力，病态一扫而光。这些现象初看起来似乎让人觉得不可思议，其实，这都是心理暗示在起作用。

第二次世界大战的时候，凶残的德军曾经对一个俘虏做过一个实验。他们把他绑起来，蒙上眼睛，告诉他要把他的血放光。然后在他的手腕处施加一点刺痛，再用水龙头一滴一滴地放水，发出不断的滴答的声音。

他们也许只是想捉弄他，但是想不到的是，过了一段时间，这个俘虏竟然真的死掉了！实际上并没有任何致命的措施施加给他，那他为什么会死掉呢?

心理学家告诉我们，这是心理暗示发生的作用。所谓心理暗示，是指在无对抗的条件下，通过语言、行动、表情或某种特殊符号，对他人的心理和行为发生影响，使他人接受暗示者的某一观点、意见，或者按照被暗示的方式活动。

在这个事例中，德军给俘虏的暗示是：要把他的血放光。而这个俘虏相信了他们的话，就是接受了暗示，就影响了自己的身体机能，导致自己死亡。

暗示施行起来是非常简单的。暗示者只要给一些现成的信息，使被暗示者无批判地接受，暗示就会发生作用。

暗示不需要讲道理，只靠直接的提示。比如美国有一种戒烟电话，当一个人烟瘾上来难以抑制时，就可以拨打它，然后就会听到难听的气喘声和咳嗽声。这就是在暗示你：如果不戒烟，下场也会是这样！这种暗示，往往比大堆的说教还要有效，也许是因为给人的感觉很直接吧。

那么，人为什么会接受别人的暗示呢？难道人们没有所谓的"主见"吗？要想回答这个问题，我们必须对一个人进行决策和判断的心理过程，有一个初步的了解。人的判断和决策过程，是由人格中的"自我"部分，在综合了个人需要和环境限制之后而做出的。这样的决定和判断，我们称其为"主见"。

一个"自我"比较发达、健康的人，是比较"有主见"的。但是，我们知道，人不是神，世上并没有万能的和完美的人，任何"自我"都不可能在所有情况下都正确。这就导致了"完全有主见"的人是不存在的。正是"自我"在客观上的缺陷，为别人的影响和心理暗示，留出了空白，提供了机会。

暗示的作用，在本质上就是用别人的智能，代替或者干脆取代自己的思维和判断。当然，其本质很少能被受暗示者意识到。这些心理过程通常都发生在潜意识中，也就是发生在不知不觉中。

暗示有积极和消极的两面：接受积极的暗示，会使我们朝好的方向转变，对我们是有益处的，就如上文中的例子；相反，消极的暗示则会对我们有害，比如一些包含错误观念和消极情绪的暗示等。

当然我们对心理暗示不要一味地恐惧和排斥，因为心理暗示并不都是消极的，还有很多积极的情况。前面讲到的那个戒烟电话就是一个。另外，我们的古人也早已学会了这个方法。

心理学的秘密
XIN LI XUE DE MI MI

《三国演义》中有一段"望梅止渴"的故事，讲曹操有一次率兵马远途跋涉，天气炎热，官兵们又累又渴，偏偏又找不到一口水井或一条溪水。于是曹操对士兵们说："前面山上有一片梅林，马上就要吃上梅子了，到时就不渴了！"

梅子是酸的，人们一提到"酸"，因为条件反射的作用，就会分泌大量唾液，这样就可以暂时解渴。士兵们听到曹操说有梅子，一下在嘴里分泌了许多唾液（当然他们自己意识不到），于是他们感到不那么渴了，也来了精神，不自觉地加快了脚步。

在这里，曹操就巧妙地使用了心理暗示。

在生活中，也有许多利用积极心理暗示的例子。比如一名运动员的成绩已经非常接近世界记录了，这时，他的教练在旁边轻轻暗示道："你能行，你一定能得第一！"这一暗示，激发了他全部的潜能，使他发挥到最好，在比赛中真的得了第一。

其实积极的心理暗示，我们不必一定要等待别人给予我们，我们自己就可以给予自己很多这样的暗示。许多成功学家提到，人要有积极的心态，要善于自我激励就是这个意思。

如果你经常对自己说："我能行，我是最好的！"就能调动起很大的能量。这就是自我暗示的作用。

突破定势思维才能推陈出新

每个人都有自己的认知结构，所谓认知结构（或叫认识结构）是指一种反映事物间稳定联系或关系的内部认识系统。人们在认识新事物时，往往把新事物同化于已有的认知结构，或者改组、扩大原有的认知结构，把新事物包括进去。也就是说，人们在认知现实生活中的具体人或事时，总是根据自己以往的经验、知识、认识来判断、评价，因而在主观上往往已有一定的定型，在心理学上这叫心理定势。

心理定势常常使人在认知新的事物时产生一种定势效应，即以一种已有的固定看法为根据去认知一个新的社会事物。

有一个楚国人出门远行。他在乘船过江的时候，一不小心把随身带着的剑落到江中的急流里去了。船上的人都大叫："剑掉进水里了！"这个楚国人马上用一把小刀在船舷上刻了个记号。然后回头对大家说："这是我的剑掉下去的地方。"

众人对他的行为感到疑惑不解，有人催促他说："快下水去找剑呀！"楚国人说："慌什么？我有记号呢。"

船继续前行，又有人催他说："再不下去找剑，这船越走越远，就该找不回来了！"楚国人依旧自信地说："不用急，不用急，记号刻在那儿呢。"

等到船行到岸边停下后，这个楚国人才顺着他刻有记号的地方下水去找剑。可是，他怎么能找得到呢？他在靠近岸边的水中，白费了好大一阵工夫，结果毫无所获，还招来了众人的讥笑。

船上刻的那个记号是表示这个楚国人的剑落水瞬间在江水中所处的位置，可是掉进江里的剑是不会随着船行走的，但船和船舷上的记号却在不停地前进。等到船行到岸边，船舷上的记号与水中剑的位置早已风马牛不相及了。

这则寓言告诉我们，用静止的眼光去看待不断发展变化的事物，必然要犯脱离实际的主观唯心主义的错误，在心理学上讲，就是不能用心理定势去看待问题。

我们都知道大象是一种力大无比的动物，可是我们不知道的是，那样的庞然大物，只用一根细细的竹竿就可以把它拴住。世界上许多的驯象人都是这么做的。这是为什么呢？

原来，在象很小的时候，就被拴在上面，小象虽然拼命挣扎，却无力逃脱。最后它们只好放弃努力，并形成了一种观念：这竹竿是我无法挣脱的。渐渐地，象长大了，虽然它已经有很大的力量，别说是竹竿，就是一棵树也可能连根拔起，但他自己却不知道！它以为这根细细的竹竿仍然是他无法挣脱的，甚至连试都没有试一次。

这就是因为它小时候形成的印象，一直保持到长大，却没有通过尝试去发现已经变化了的情况。或者说，拴住大象的不是什么竹竿，而是那种"我没法逃脱"的想法。这也是心理定势在作怪。

其实我们不应该笑话固步自封的大象和刻舟求剑的人，因为在生活中这样的人也不在少数。

在亚利桑那新开的一家印第安珠宝店里，女老板为一批脱不了手的绿松石珠宝发愁。当时正是旅游旺季，她的绿松石虽然价廉物美，却总也卖不掉。最后，在去外地进货的前一天晚上，她气急败坏地写了一张纸条给售货员："此盒内物件，价钱乘以二分之一。"她打算亏本也要卖了。几天之后，她从外地回来，发现那批珠宝果然卖光了。但令她惊讶的是，不是以一半的价钱，而是以两倍的价钱卖掉的，因为售货员没有看清她写的字，以为"二分之一"是"二"！

为什么会发生这种现象呢？这也是心理定势在起作用。许多顾客都有这样的心理，认为价钱高的东西是好的，价钱低的东西是差的。顾客也许对这些宝石并不了解，而盲目地相信价钱高 = 质量好，而顾客也许正想买的就是高档货呢，所以宝石成功地卖了出去。

这也体现了人们的一种心理规律，就是人们在认知人或事物时，总是根据自己以往的经验、知识、认识来判断，而在主观上形成一定的定型。

当然定势思维并不总是让人"上当"，它首先具有积极的作用，就是帮助人们按类型来记忆事物、判断事物。头脑里积累一定的知识、经验，可以使我们在认识同一类新的事物时，更加省力，更加容易，不再需要长时间的摸索。

但是客观事物千差万别，情况又总是在变化，以"老眼光看人"，凭"想当然"，有时也会出错，就是我们上面说的那些情况。定势思维还容易妨碍人们的创新。

日本的东芝电气公司1952年前后积压了大量的电扇卖不出去，7万多名职工费尽心机，也想不出办法。有一天，一个小职员向董事长石坂提出了改变电扇颜色的建议。当时，全世界的电扇都是黑色的，而这个小职员建议把黑色改为浅色。公司采纳了这个建议，结果大获成功，而且从此以后，世界上的电扇就不再是一种颜色了。

　　这一设想，看似简单，其实突破定势思维并不像我们想象的那么容易。否则为什么那么多人都没有想到呢？在我们如今的生活里，也有很多定势的思维束缚住了我们，只是我们可能没有意识到。谁能突破定势思维，推陈出新，就更容易成为这个时代的赢家。

联想是创造力的重要因素

联想是由一个事物想到另一事物的心理过程，其生理和心理机制是几种事物或概念之间形成暂时的联系。联想学派的重要人物穆勒认为，联想对于心理学来说，就像引力对于天文学、细胞对于生理学一样重要。联想能力是创造能力非常重要的部分。对联想的训练有助于创造性思维能力的提高。

明代绍兴才子徐文长自幼聪慧，才智超凡。有一天，他和六位文人一起喝酒。这六个人事先商量好要捉弄他。在他们的安排下，一共摆上六个菜，并按年龄大小行酒令。每个酒令要说出一个典故，如果和桌子上的菜肴有关，就可以拿这盘菜去吃，如果说不出，就没有菜可吃。

约法三章已过，令官（年龄最大的）说："姜太公钓鱼。"说罢，把那盘鱼抢到自己面前。第二个人说："时迁偷鸡。"说完就把鸡肉端到自己面前。第三个人说："张飞卖肉。"然后拿了那碗猪肉。第四个人说："苏武牧羊。"也不客气地把羊肉端去了。第五个人说："朱元璋杀牛。"话音一落，就去端牛肉了。眼看桌子上只剩下一盘青菜，第六个人只好说："刘备种菜。"把青菜也拿走了。

然后令官就说："酒令行过，大家不要客气，各吃各的吧。"这时徐文长不慌不忙地说："且慢！我还没有说呢。"接着两袖一拂做出手势，大声说道："秦始皇并吞六国。"一下子把六盘菜都搬了过去。其他六位文人先怔了一下，接着都连声称道："佩服！佩服！"

故事中所行的酒令，显然是一个联想的游戏，它能够考察一个人知识的丰富程度和联想思维能力的强弱，是我国古代文人经常玩的游戏。

联想能力是一种非常重要的思维能力，它是创造性思维的重要方面，往往对发明创造有独特的作用。1680 年，意大利发明家博列里剖开鱼腹，从分析鱼鳔（鱼腹内一个充满气体的白色囊）中得到启发，制造了一艘潜水艇。他在艇内装置了一个用皮革袋制成的潜水袋，利用潜水袋排出水或注入水来控制潜水艇的浮沉，就像鱼用鱼鳔控制沉浮一样。从鱼鳔想到制造"皮革袋"的潜艇，这种思维活动就是联想。而蒸汽大王瓦特则是从壶里的水烧开，水汽掀动壶盖得到启示，发明了蒸汽机。可以说，这些发明创造，无不得益于联想。

20 世纪中叶以后，美国心理学界提出了一种促进思想的新技术，叫急骤的联想。目的在于由极迅速的联想作用，引出新颖而具有创造性的观念。心理学家们通过实验发现，受过急骤联想训练的学生，在创造性思维的发展方面具有明显的优势。甚至可以说联想的训练是创造性思维训练的起点。

实际上，心理学家的实验表明，任何两个概念都可以经过四五个阶段的"中转"，建立联想联系。这种联想联系对思维发展具有重要的积极作用。例如"木质"和"皮球"是两个离得很远的概念，经过几步中介联想就可以形成联想联系：木质——树林——田野——足球场——皮球。又如"天空"和"茶"的联想：天空——土地——水——喝——茶。

联想思维有个特点，就是它有一个"最佳稳固度区域"，无论向左或向右偏离这个区域，都会带来不良后果。如果偏向过于稳固，思维的惰性就会增大，考虑问题就显得千篇一律、呆板，好像是依照"刻板的公式"在进行；如果偏向过于灵活，思维就变得零乱、不连贯，反而影响思维的敏捷度。为了在我们脑中建立起"最佳稳固度区域"，使思维能力发挥最大的创造性，我们要努力使自己的知识具有最佳结构。

鬼斧神工来自忘我境界

注意没有绝对的稳定性，但提高注意的稳定性，有助于提高效率。

注意的稳定性是指人的注意力长时间地稳定在某种事物或某种活动上。如上课时专心听讲，注意力就会稳定在老师的讲课上。当然，严格说来，注意力的稳定性是有一定的时间限制的，任何人都无法使自己的注意力永远稳定在某个对象上。

一般地说，单调的活动往往会降低人的注意力，而活动多样化，并且不同的活动交替进行，或者不断出现新内容，就可以较长时间地保持注意力的稳定性，提高学习、工作效率。在培养自己的注意稳定性的同时，要注意避免注意分散的现象，加强抗干扰能力。

梓庆是古代一位木匠，他擅长砍削木头，制造一种当时常用的乐器——鐻（jù）。

梓庆制作鐻的手艺非常高超，看到的人都惊叹不已，认为是鬼斧神工。鲁国的君王闻听此事后，召见梓庆问："你是用什么方法制成鐻的？"

"我是个工匠，谈不上什么技法，"梓庆回答说，"我只有体会，在做鐻时，从来不分心，而且实行斋戒，洁身自好，摒除杂念；斋戒到第三天，不敢想到庆功、封官、俸禄；到第五天，就不把别人对自己的非议、褒贬放在心上；到第七天，我已经进入了忘我的境界，此时，心中早已不存在晋见君主的奢望，给朝廷制鐻，既不希求赏赐，也不惧怕惩罚。"

梓庆在把外界的干扰全部排除之后，才进入山林中，观察树木的质地，精心选取合乎制鐻要求的自然材料，直至一个完整的鐻已经成竹在胸。这个时候他才开始动手加工制作。"否则，我不会去做！"梓庆说。在向鲁王详细介绍制镰的过程后，他继续说："以上的方法就是用我的天性和木材的天性相结合。我的鐻制成后之所以能被人誉为鬼斧神工，大概就是这个缘故。"

这个故事启示我们，要想成就任何事情，都必须执着、专一、忘我，也就是要把注意力稳定在注意对象或所从事的活动上。就像凸透镜把光线聚在一点上，能产生巨大的热量，甚至引起燃烧，没有高度的注意稳定性，几乎任何事情都不可能做得很好。

有时无意注意可能更重要

注意既有有意的，也有无意的，有时无意注意到的比有意注意到的东西还重要。

注意是一种心理状态，它是意识的警觉性和选择性的表现。一切心理活动都必须有注意的参加，否则，不能顺利有效地发生、发展。注意可以分为有意注意和无意注意两种。有意注意也称随意注意，是一种有目的、有准备、必要时还需要一定努力的注意。无意注意也称不随意注意，是没有准备的，自然发生的，也就是不需要任何努力的一种注意。有意注意和无意注意往往是交互进行的，因为任何单一的注意都不可能维持长久。

二战期间，各国间谍机构活动频繁，都希望在情报方面战胜对手，以利于在整个战争中获取主动。同时，反间谍机构也都在积极活动。一次，盟军反间谍机关收审了一位自称是来自比利时北部的"流浪汉"。他的言谈举止使人怀疑，眼神也不像是农民特有的。因此，法国反间谍军官吉姆斯认定他是德国间谍，可是他没有更有力的证据。吉姆斯决定打开这个缺口。

审讯开始了。吉姆斯提出的第一个问题是："会数数吗？"这个问题很简单。"流浪汉"用法语流利地数数，没有露出一丝破绽，甚至在说德语的人最容易说漏嘴的地方，他也能说得很熟练。于是，他被押回小屋去了。

过了一会儿，哨兵用德语大声喊："着火了！""流浪汉"仍然无动无衷，似乎真的听不懂德语，照样睡他的觉。

后来，吉姆斯又找来一位农民，和"流浪汉"谈论起庄稼的事，他谈的居然也并不外行，有的地方甚至比这位农民更懂行。看来吉姆斯凭外观判断的第一印象是不能成立的了。于是吉姆斯又想出了一个新的办法。

第二天，"流浪汉"在被押进审讯室的时候，显得更加沉着、平静。吉姆斯非常认真地审阅完一份文件，并在上面签字之后，抬起头突然用德语说："好啦，我满意了，你可以走了。你自由了。""流浪汉"一听到这话，长长地松了口气，像是放下了一个沉重的包袱。他仰起脸，愉快地呼吸着自由的空气，兴奋之情溢于言表。

"流浪汉"露出的欣慰的表情，虽然是一刹那间发生的，但是暴露了他懂德语的事实，从而使他露出了破绽。经过进一步审讯，"流浪汉"不得不承认自己是一个德国间谍。

这是一场典型的心理战。法国军官吉姆斯利用人的潜意识心理，转移德国间谍的有意注意，忽然用德语说释放他，从而他的无意注意让他在不经意间露出得意忘形之色，暴露了自己。

引起有意注意的事物，大多数是人们对完成该事物的目的、意义，有明确的认识的事物。在这个故事中，那个德国间谍的明确目的是蒙混过关，掩饰自己的间谍身份。

引起无意注意的刺激物，常常是具有某种特点的，或者是事物本身使人感兴趣的。比如相对强烈的刺激容易引起无意注意。正在开会时忽然有打破玻璃的响声，会一下子把人们的注意力转移过去，当然如果在机器轰鸣的车间里，就不一定有什么作用了。

突然发生变化的刺激会引起人们的无意注意。比如平常下班回家看见自己的孩子活蹦乱跳地玩，一般家长不会引起注意，因为孩子一贯如此。可如果有一天回家，却发现孩子呆呆地躺在那里，就会引起注意。

在背景中特别突出的人或事物能够引起人的注意，比如人群中的大高个子；不断变化的刺激，也让人注意，比如电影中不断变化的镜头。

容易让人们产生兴趣的事物，一般是自己很需要的事物，就像故事中的"释放"的命令对于那个德国间谍，使他无意地注意到，从而也在无意中暴露了自己的情绪。

不同的人因为思维特点不同，所注意到的事物是不同的，也就是说每个人的注意都有他自己的选择性。

人对周围的注意是有选择的

我们每天都要活动，要和许多人打交道，每天都要处理很多事情，甚至在同一时间内，有几种或许多事物作用于我们的大脑，但是我们只能清晰地反映某一些事物，而对另外一些事物却反映得模糊不清或者根本没有反映。

这也就是说，只要我们处于清醒状态，注意力总是有意或无意地指向和集中于一定的事物，或者说，注意是对来自外界并作用于我们的成千上万个刺激所做的选择。

有一次，在一条繁华的街道上，走着三个人。他们分别是医生、房地产商和艺术家。他们约好了一同去他们共同的朋友家吃晚饭。朋友有一个特别喜欢听故事的小女儿。他们到了朋友家以后，这个小女孩就请艺术家给她讲个故事。

"今天，我沿着大街走，"艺术家说，"看见在天空的映衬下，城市像一个巨大的穹隆，她那暗暗的金红色在落日的余辉中泛着微光，愈发猩红了。看着看着，穹隆底部现出一缕光线。接着，一缕又一缕，仿佛晚风正在星星点点地吹旺着蓟花一样的火焰。终于，满街通明，猩红的穹隆消失了。那时我多么想画下这一切，真想让那些认为我们的城市并不美丽的人们看看。"

小姑娘听完了，想了一会儿，然后转向房地产商，请他也讲个故事。房地产商讲道："我也可以讲一个大街的故事。我沿街走着，听到两个男孩子在谈话。

他们在谈论长大后的理想。一个男孩子说，他想摆一个冰淇淋小摊，并要在两条街道的交汇处，紧挨地铁的入口处开始他的买卖。他说：'这样，两条街上的人都可以来买我的冰淇淋，那些乘坐地铁的人们也会买。'我发现这个男孩子具有成为一名好商人的素质，因为他认识到了经营位置的价值，而且懂得选择街道上做生意的最佳地点。我相信他长大以后会成为一名非常成功的商人。"这就是房地产商的故事。

接下来，小姑娘又请医生给她讲个故事。医生的故事是关于商店橱窗的。

"这个橱窗从上到下都摆满了某种专卖药品的瓶子。这些药品专用于治疗各种消化不良。橱窗里还列有一长串清单，上面写满了不及时治疗可能发生的可怕后果。我看见许多人停留在橱窗前。我知道他们正在考虑这些药对他们是否有疗效。我心里想的是，他们所要的并不是什么灵丹妙药，而是两种不需要用钱去买的东西，即新鲜空气和睡眠。但是我却不能告诉他们。"

"这个药房是在查尔斯大街上吗?"孩子问道。医生点了点头："你说的街道在哪里呢?"她问房地产商。"查尔斯大街。"房地产商回答说。"我说的也是那儿。"艺术家说。这是一个富有心理学意义的儿童故事。这三个人同一时间内走过同一条街道，看到的也几乎是同样的事物，但是，他们眼中的街道却是各不相同的。艺术家眼中的街道是个美丽的地方，线条、形状和色彩在此共同构成了一幅图画。房地产商眼中的街道是一个与地点、位置、场所有关的地方，在这里，眼光锐利的人才能捕捉到商业机会。医生眼中的街道，那里的人们因为自己的愚蠢而破坏了自己的健康。在同样的环境中，他们的注意停留在不同的事物上。

这涉及到心理学中关于注意的特征。

人们的生活环境，每时每刻都处在不断变化之中。当你走出家门，到处要碰到或接触到种种事物，比如，在大街上，商店悬挂着彩色广告，晚上霓虹灯闪烁，吸引着人们去选购商品；在街道上，会看到一些交通标志——"慢"，"……街"，"停车场"，还有红绿灯讯号，行人必须眼看四面，耳听八方；走到公共场所，会看到"严禁攀折花木"的标语；在汽车站、火车站、轮船码头，你会听到广播告诉旅客们开车时间，等等。

即使是一瞬间，外界都会有无数的信息刺激着我们每个人。但是并不是所有的刺激都能被我们注意到。其中，绝大多数的刺激都被忽略掉了，只有一小部分被我们选择并加以注意。

上面那个故事中，艺术家、医生和房地产商在同一条街道上，注意到了不同的事物。他们的选择之所以不同，是因为他们所受过的不同教育和训练。其实生活中很多人都是这样，他所从事的职业，让他更多地去注意这个领域的信息。

教育本身有一个重要的作用，就是使人们选择不同的刺激，即注意不同的事物。这种注意长此以往就形成了一种习惯，使人们对某个领域的事物更加关注，并形成比较高的认识和技能。

心理学家曾做过这样的实验：给一些美国人和墨西哥人看两类图片，一类是美国人所熟悉的打棒球的场面，另一类是墨西哥人所熟悉的斗牛场面。实验者把这些图片快速地呈现给他们，两类图片交叉出现，也就是让他们一会儿看到打棒球，一会儿看到斗牛。

如果乍一想，我们会以为墨西哥人和美国人能同时看到两种场面，但结果却出人意料：84%的美国人只看到打棒球的场面，而74%的墨西哥人只看到了斗牛的场面。

这个实验告诉我们，认知者本人的经验、生活方式、文化背景等，都会影响到他对事物的注意的选择。

而且，心理学家还告诉我们，每一瞬间，都有无数来自外界的刺激作用于我们每个人。其中，绝大多数的刺激都被忽略掉了，只有一小部分被我们选择并加以注意。例如，此时正在阅读本书的你，正拒绝对来自外界的大量信息做出反应。

那么，这些刺激是如何形成的呢？

首先，有来自全身肌肉和肌腱的信息，他们告诉你四肢的位置；其次，还有来自皮肤上感受器的信息。在过去的几个小时内，你可能不会注意到自己是觉得冷还是热，除非温度令你感到不适。

同样，自然界也有许多进入了人们耳中的声响被忽略掉了。可能有钟表的滴答声、远处交通机车的轰鸣声或是别人漫不经心敲击钢琴的声音，但它们不会被听到，除非那些被称作"神经质"的人才会听见。

例如，在路过一座城市时，那里有上千种气味冲入你的鼻孔，你也许毫不留意。但是，当你到家后，屋里泄漏的煤气味或是因燃烧而发出的轻微气味，会立刻让你采取行动。

每时每刻，都有无数的刺激来自皮肤、肌肉、耳朵和眼睛，有待我们去选择。但相比之下，我们实际注意到的又是多么少。正是对这种或那种刺激的不同的注意，造成了不同职业、不同类型的人们之间的重要差异。

实践才能够出真知

有的人看热闹，有的人看门道，这体现了观察力的区别。观察力水平取决于平时的积累和训练。

从心理学角度讲，观察能力也是一种知觉能力，是一种"思维的知觉"。

观察是知觉的特殊形式。它是从一定的目的和任务出发，有计划、有组织地对某一对象的知觉过程。观察是人对现实的积极的感知活动。观察不限于知觉，往往在观察中，知觉、思维和言语结合为统一的智力活动过程。

观察的特征是同积极的思维相结合，所以，观察也称为"思维的知觉"。在知觉过程中，善于全面、深入、正确地认识事物特点的能力，叫做观察力。观察力是智力的一种，也是个性品质的内容之一。

沈括的《梦溪笔谈》中有这样一个故事：大文学家欧阳修得到一幅古画，画的是一丛牡丹，在牡丹花下还卧着一只猫，十分逼真。欧阳修看后不理解画中之意，就去问当朝宰相吴正肃。吴正肃一看到画就说："这是'正午牡丹'。"

欧阳修奇怪地问道："何以见得是'正午牡丹'呢？"吴正肃回答说："画上的牡丹花的花瓣分披、色泽浓艳而干燥，正是中午牡丹花的样子；花下猫的眼睛眯成一条缝，正是中午猫眼的形象；如果是清晨的牡丹，花瓣应是收缩而湿润的，猫的眼睛应该是圆的。"欧阳修恍然大悟，对他的独到细致的观察十分佩服。

　　吴正肃对"正午牡丹"画意的正确理解和客观中肯的评说，是来自于他对事物的深入细致的观察。而这种观察力是来自他平时对事物的观察和经验的总结。只有对事物进行客观、全面、准确的观察和辩证的分析，才能培养和发展良好的观察力。为了培养良好的观察力，观察的方法也很重要：首先拟订观察计划；然后做好观察前的知识和技能的准备工作；再注意进行观察时的系统性；随后做好观察记录；最后整理观察资讯进行综合分析。

　　观察力的培养很大程度上来自于丰富的社会实践活动。俗话说，"实践出真知"，只有深入社会实践，观察、观察、再观察，才能深入事物的细微末节，认识事物的本来面目。有时候，在深入实践的观察中，要付出艰辛的努力。

　　施耐庵在《水浒》中为了写一只活的老虎，不仅翻山越岭，访问猎户，倾听关于老虎吃人的描述，而且亲自跑到深山老林，蹲在大树上，观察老虎的外貌、颜色、形态和动作。

　　伯牙为了演奏好《高山流水》的乐曲，深入高峰峻岭、林木苍苍的海岛，倾听海水汹涌之声，领会山林美妙音响，还游历山川名胜，观察风土人情，才成为独步乐坛的高手。

　　宋代画家文与可为了画好竹子，无论刮风下雨，无论骄阳似火，春夏秋冬，年复一年地观察竹子的各种形态，四时变化，并总结出"胸有成竹"的成熟画法。

　　观察事物，最忌讳的是"蜻蜓点水"和"走马观花"，这往往导致以主观想象、片面印象、表面现象为满足，而不能观察到事物的真实情况。

认识的偏差会形成刻板印象

人们对事物一旦形成某种印象，就不容易改变，而这种固定的印象往往是由分类造成的。

所谓刻板印象，就是指人们对某个社会群体形成的一种概括和固定的想法。一个人看到他人时，常常会不自觉地按其年龄、性别、职业、民族等特性对他进行归类，并以已有的关于这类人的固定形象，作为判断其个性的依据。一般来说，刻板印象的产生是以过去有限的知识经验为基础的，源于对人的群体归类。

从前，在一个不太出名的小山村，住着一户姓杨的人家，靠在村旁种一片山地过日子。这户人家有两个儿子。大儿子叫杨朱，小儿子叫杨布。两兄弟一边在家帮父母耕地、担水，一边勤读诗书。这兄弟两人都写得一手好字，交了一批诗文朋友。

有一天，弟弟杨布穿着一身白色干净的衣服，兴致勃勃地出门访友。不料在快到朋友家的路上，突然下起了雨，而且越下越大。当时杨布正走在前不着村、后不落店的山间小道上，只好硬着头皮顶着大雨往朋友家走。等到了朋友家，他已被淋成了"落汤鸡"。

杨布在朋友家脱掉了被雨水淋湿了的白色外衣，穿上了朋友借给他的一身黑色外套。朋友家里招待杨布吃过饭，两人就开始谈诗论文，评议前人的字画。他们越谈越投机，越玩越开心，不觉天快黑下来了。这时杨布告辞回家，但因为自己的衣服湿了，杨布就把自己的白色外衣晾在朋友家里，穿着朋友借给他的一身黑色衣服回家。

杨布走到自己家门口时，还沉浸在白天与朋友畅谈的兴致里。杨布家的狗不知道是自家主人回来了，从黑地里猛窜出来对他汪汪直叫。一会儿，那狗又突然后腿站起、前腿向上，似乎要朝杨布扑过来。狗的突如其来的狂吠声和它快要扑过来的动作，把杨布吓了一跳。他十分恼火，马上停住脚向旁边闪了一下，愤怒地向狗大声吼道："瞎了狗眼，连我都不认识了！"然后顺手在门边抄起一根木棒要打那条狗。

这时，哥哥杨朱听到了声音，马上从屋里出来，一边阻止杨布用木棒打狗，一边唤住了正在狂叫的狗。然后他对杨布说："你不要打它啊！应该想想看，你白天穿着一身白色衣服出去，这么晚了，又换了一身黑色衣服回家，假若是你自己，一下子能辨得清吗？这能怪狗吗？"

杨布想了想，觉得也有道理，就不说什么了。那狗也似乎认出了杨布，不再汪汪叫了。

狗之所以没有一下子认出杨布，就是因为它对出门的杨布有一个刻板印象：就是杨布是穿着白衣服的。所以刚看到杨布时，天又黑，没看清楚，只看到来了个黑衣人，忠诚的狗当然要提高警惕了。

动物如此，其实人又何尝没有这样"刻板"的时候呢？在人类社会里，人们有一种习惯于给人分类的心理倾向。这是因为，生活在同一地域或同一文化背景下的人，总会表现出许多心理和行为方面的相似；同一民族或国家的人，会有大致相同的风俗习惯和性格特征；而性别、年龄、职业等相仿的人，在观念、思想和行为等方面也会较为接近。比如，人们通常认为教授的形象是斯文儒雅、白发苍苍；会计是精打细算、斤斤计较的；教师文质彬彬；商人奸诈狡猾；北方人热情豪爽；南方人精明灵活；男子果断独立；女子温柔体贴；德国人办事严谨；美国人积极乐观；日本人勤勉有礼……这些都是按职业、民族等特征在人们头脑中的分类定型，也就是形成了刻板印象。

刻板印象要么是来自直接与某些人或某个群体接触，要么是根据间接资料如他人介绍、传媒宣传等形成的。

刻板印象的积极作用是：它把现实中的入加以归类，从而有助于人们加工社会信息；它简化了人们所面临的复杂的社会，把人划分为群体，使得人们在获得少量信息时就能对他人做出迅速的判断，从而预测他人的行为。刻板印象的形成主要是由于我们在人际交往过程中，没有时间和精力对群体中的每一成员都进行深入的了解，而只能与其中的一部分成员有接触，因而只能"由部分推知整体"，"物以类聚，人以群分"，是这种心理现象的基础。

然而，刻板印象也有其不利的方面。虽然它在某些条件下有助于我们对他人进行概括的了解，但如果这种归类不符合该群体的实际特点，或者只是对某群体的非本质特征做出概括，就会形成偏见。而且一种概括而笼统的印象，毕竟不能代替活生生的个体，有时难免"以偏概全"——难道坏人就一定要生得面貌狰狞？好人就一定显得慈眉善目？如果不明白这一点，对人的认识就很容易有偏差。

爱屋及乌容易产生偏差

有个成语叫做"爱屋及乌",意思是如果我们喜欢某个人,连同他的屋子和栖歇在屋上的乌鸦也喜欢。谁都知道,乌鸦很丑,浑身漆黑,呱呱乱叫,一直被当作不祥之物。但是乌鸦怎么会讨人喜欢呢?就是因为对房子的主人太喜欢了,推及到他的房子不说,还推及到乌鸦身上!

这其实是一种认识的偏差,这种偏差在心理学上叫"晕环定律"。所谓晕环,是指太阳周围的一圈光晕,比喻扩大化的意思。"晕环定律"就是说,人们在判断其他事物时,容易犯以点代面、以偏概全的错误,就是由一个优点推及到所有优点,由一个缺点推及到所有缺点。因此,又称"光环效应",是指在人际相互作用过程中形成的一种夸大了的社会现象,正如日月的光辉,在云雾作用下扩大到四周,形成一种光环作用。常表现在一个人对另一个人(或事物)的某一方面的印象决定了对他的总体看法,而看不准对方的真实品质,形成一种好的或坏的"成见"。所以"光环效应"也可称为"以点概面效应"。

为什么会发生这种现象呢?

心理学认为这是由于知觉者的情感引起的对人的一种主观倾向:由于我们在知觉他人时有一种情感效应,我们对他人的评价就容易出现偏差,这一偏差表现为当某人或某物被我们赋予了一个肯定的、令我们喜欢的特征之后,那么这个人就可能被我们赋予许多其他好的特征。

反之，如果某人或某物存在某些不良的特征，那么就会被认为他的所有的一切都是坏的。后者被称为"坏光环效应"，也被形象地叫做"扫帚星效应"。

从前，在乡下有一个人，他在自家的地窖中储存种子的时候，将一把斧头忘在了地窖里，没有带出来。几天以后，他又要用斧头时，才发现斧头已经丢失了。放在自己家的斧头到哪里去了呢？他在自己家的门后面、桌子下面、堆柴草的房里到处找遍了，还是没有找到，于是他就怀疑是他邻居家的儿子偷去了。

但是他没有证据，于是，他就开始仔细地观察邻居家的儿子的一举一动。他越观察越觉得邻居的儿子像是偷了斧子的人。因为看他那走路的样子，似乎鬼鬼祟祟，像个小偷，不仅如此，连他的神态、动作、表情也像，甚至他说话时的声调，也像是偷了他家的斧头。总之，几乎可以肯定，就是他偷了自己的斧头！

又过了几天，这个人到地窖去储存物品。当他打开地窖门下到地窖里的时候，发现自家那把好多天不见的斧头，正躺在地窖里。

到了第二天，这个人再去看邻居家的儿子，发现他的一举一动、一言一行，就连笑的神态，都坦坦荡荡，非常自然，一点儿也不像是偷过斧头的样子了。

这个人的想法非常可笑：在怀疑邻居偷了他家斧头时，就对他的所有举动都怀疑，觉得是小偷的样子；当发现对方不是小偷的时候，又觉得对方怎么看都像个好人了。这是一种典型的对人印象的扩大化效应，也就是晕轮效应。

具体地说，他犯了晕轮效应中的"循环证实"的错误。心理学研究证明，一个人对他人的偏见，常会得到自动的"证实"。比如，你对某人存怀疑之心，时间一长，自然会为人所察觉，对方必然会产生相应的戒心。而对方这种情绪的流露，又反过来会使你深信自己当初对他的看法是正确的。这就是心理学中的双向反馈和"角色互动"。由于一方感情的失偏，导致对方的失偏，反过来又加强了一方失偏的程度。如此"循环证实"，势必使一方陷入越来越深的偏见中去，走进"晕轮效应"的迷宫。

这就提醒我们，当你看不惯某个人的作为，对某人怀有成见的时候，应当首先理智地检讨一下自己的态度和行为。假如发现自己已经受到"晕轮效应"影响，那就"首先改变自己"。

在生活中，"光环效应"或"扫帚星效应"是经常发生的。如果我们觉得一个人是好的，是我们喜欢的，那么我们往往会觉得这个人也有着其他的许多好品质。反过来也是一样，也就是人们常说的"一好百好，一恶百恶"或者"爱屋及乌"。

比如，某人到一家私人商店买东西，后来发现其中有一件商品质劣价高（通过与别人购买的同类商品相比较），就不高兴地说："都是奸商，没有一个好东西，唯利是图。"从而由一个商人的表现否定了所有的商人。

有时候我们与一位知识渊博的人谈话，即使对方说一些无聊的笑话，我们可能也会以为他是在含蓄地表达什么观点。

有时候青年恋人因为喜欢对方的一个特点，就看对方什么都顺眼，最突出的表现就是"情人眼里出西施"这种现象。

以上这几种现象的本质，都是我们看到对象的某个缺点或优点时，把它扩大化到对象的整体。

比如前面那个例子，以一个商人的表现推导出所有商人都不是"好东西"；第二个例子，由知识渊博者的身份，推导出他在任何时候都是有思想水平的；第三个例子，因为一个优点，扩展到整个人的魅力。

为什么我们会对已知的一个特点进行放大呢？这是因为我们在与事物接触时，想通过一种简单的方法就可以看到整体的情况。

比如当发现某个人在与人交往方面比较主动时，就会判断他是外向性格。而外向性格在我们心目中一般具有这样的特点：积极、快乐、比较随和又不固执，有活动能力等等。于是我们就判断对方是这样的人，并采取相应的方式与他交往。

当然这种以点代面的判断有时是正确的，可是错误的时候也不在少数，这是我们需要提防的。

当前社会中的年轻人在崇拜明星方面，几乎可以达到"爱屋及乌"的程度了。

一个影星或歌星，他（她）的可爱之处主要在于他（她）戏演得好或歌唱得好。而他们的"粉丝"，却把他们当成是无所不能、没有缺点的完人，当成人生的偶像来崇拜。

他们在演唱会上尖声叫喊，如醉如痴，为得到一个签名排几个小时的队，更有甚者竟因为偶像结婚而自杀！

这不是"晕环定律"导致的自欺欺人吗？就是因为偶像的一个优点，推及到认为其有其他优点，甚至认为偶像方方面面都是完美的。

年轻人犯这个错误，是因为年轻、血气方刚、社会经验不足，同时渴望精神的依托，似乎稍微情有可原。但是作为教育工作者，塑造人才的人，如果犯同样的错误似乎就不太应该，而且可能对受教育者的成长造成持久的危害。

比如在学校里某学生数学课考试不及格，他的数学老师就容易推断这个学生学习不努力，天资不聪慧，将来也不会有什么出息等等，从而对这个学生的学习不太过问了；而对一个数学成绩好的学生，数学老师又会有相反的看法，会不自觉地关注他的进步，并及时给予鼓励。而实际上，一个学生数学成绩不好，并不能证明他所有的方面都不好。比如钱钟书先生在学校里就经常数学不及格，但是却并没有妨碍他成为一个大文豪。

总之，为克服晕环定律，我们应该养成全面客观地看待事物的习惯，也就是说对一个人或事物不要急于下判断，不要以偏概全，要做全面的了解。要知道事物是没有完美无缺的，有优点并不意味着就是完人，有缺点也不意味着一无是处。可爱的优点和讨厌的缺点，很可能在一个人身上并存。

整体会大于部分之和

部分的简单相加并不等同于整体，因为事物具有其整体性。善于对事物从整体上把握，是一种重要的能力。

苏轼是我国北宋时的大作家，他不仅在诗词文赋以及书法方面有很深的造诣，其绘画也自成一家。苏轼是跟湖州画派的开山人文与可学画的。文与可以画墨竹闻名于世，苏轼跟文与可学画，也就深知画竹的奥秘。

在苏轼看来，文与可之所以把竹子画得出神入化，其最大的奥秘在于："当今画竹的人，画法都是一节一节、一叶一叶地画，哪里还有什么竹子？画竹应该先有完整的竹子在胸中。拿着笔，把竹子看熟了，在心中看到了想画的东西，再开始画，笔紧紧追随你所看见的完整的竹子，如兔起鹘落，稍纵则逝。"

可是为什么"一节一节地画"、"一叶一叶地画"，画出来的不是竹，画竹"必须要先有完整的竹子在胸中"呢？这其中其实包含了格式塔心理学的原理。

格式塔心理学是创立于本世纪初的一个现代西方心理学的派别，它有一个著名论点是："整体大于部分之和。""格式塔"是德文 gestalt 的译音，其含义是"整体"，或称"完形"。

格式塔心理学认为：构造主义把心理活动分割成一个个独立的元素进行研究，并不合理，因为人对事物的认识具有整体性，心理、意识不等于感觉元素的机械总和。它主张要从整体的角度来研究整个心理现象以及心理过程。

格式塔心理学所谓的"部分相加不等于整体，整体大于部分之和"，我们把它叫做"整体性定律"。

我们从这种观点来衡量苏轼这种话时，就可以发现苏轼的确是掌握了画竹的真谛。因为"部分相加不等于整体"，团此"一节一节地画"、"一叶一叶地画"，画出来的不等于完整的竹子。

"整体大于部分之和"，作为一根完整的不可分割的整体的竹子，它除了具有构成一根竹子所必备的"节节"与"叶叶"这些部分，还必须具有作为一根完整的竹子而具备的整体性，也就是由这些"节节"和"叶叶"之间相互作用和衬托所体现出来的风姿、神韵。而画竹者所要画的就是这些作为完整的竹子而体现出来的风姿、神韵，所以"必须先有完整的竹子在胸中"才行，就是要从整体的角度来把握，而不光是注意"节节"和"叶叶"的"形似"，更重要的是要整体的"神似"。这也就是苏轼所说的画竹的奥秘。

其实在我们认识许多事物的时候，都应该应用这个原理。实际上，世间的任何事物都是由一些部分组成的，而这个事物的整体是各个部分的有机组成，就是说各个部分之间并不是孤立存在的，他们之间存在着一些看不见摸不着却能感觉到、并起重要作用的联系。我们观察事物，不能只看那些可以看得见的部分，还要把握这种看不见的联系。

《拿破仑文选》中有一段关于骑兵的军事论述，他说："两个马木留克兵（最强悍的骑兵）可以对付三个法国兵，因为他们有好马，擅长骑术并且武器完备——每个马木留克兵有两支手枪、一支旧式短枪和一支卡宾枪，他们头戴尖顶盔，脸载波甲，身穿锁子甲，还拥有几匹马和几个徒步枪手。但是，一百名法国骑兵就不怕一百名马木留克兵，一千名法国骑兵则能击溃一千五百名马木留克兵。"

这就是说，马木留克兵的单个作战素质要比法国兵强，但组合起来作战时，却不能发挥优势，因此出现了三种情况：单枪匹马做战时，他们总是获胜；成连骑兵作战时，他们只能打个平手；而成团成旅作战时，他们则总是失败。对此，拿破仑评论道："战术、队形和机动性所能起的作用多么巨大呀！"

集团军的战术、队形和机动性产生了一种新的力量，这是单个士兵所没有的力量，只有在组成集体、集团时才会产生。而这种力量的大小是同集体、集团的如何组合直接关联的。马木留克骑兵的组合是一种零乱的组合，相当于我们所说的"乌合之众"，因而不能产生强大的力量，甚至会产生互相抵消力量；而法国骑兵的组合是一种有机的组合，因而能产生足以转变单个作战素质劣势的新的强大力量。

这个例子也说明整体决非部分简单相加可比。

激发灵感也需要契机

灵感不是天才的专利，任何人都可以有灵感，只要为它创造合适的土壤。

灵感，在心理学上是指人在进行创造性思维的过程中，某种新形象、新概念和新思想突然产生的心理状态；它是一种集中全部精力思考问题时，由于偶然因素的触发而突然出现的顿悟现象。

所以，俄国画家列宾认为，灵感是对艰苦劳动的奖赏。

古希腊时，阿基米德奉国王之命，鉴定工匠制作的金王冠是否掺有白银。但当时并没有行之有效的方法，他为此日思夜想，也没有想出好的办法。

有一天，他在家里洗澡，当他跳进浴盆时，有许多水一下子溢了出来。这使他一下子醒悟到：当容器装满了水，把物体再放进去，那么溢出的水的体积，和这个物体的体积是相等的。由此他联想到，比金子轻的白银如果要达到同样重量，它的体积必然超过金子。

于是，他想出了解决问题的办法。他把与原先国王交给工匠的相同重量的金子和那顶金王冠，分别放在注满水的容器中，然后比较它们分别排出的水的容量，就能够知道答案了。这也是物理学上著名的"阿基米德定律"的来源。

在苦思冥想下，阿基米德没有解决这个物理难题。但是他没想到的是，在洗澡的偶然时刻，通过一个不起眼现象的触动，这个答案会自己跳到他脑子里来。

灵感往往就是这样"踏破铁鞋无觅处，得来全不费功夫"，或者说"众里寻它千百度，蓦然回首"，它"却在灯火阑珊处"。也就是说，它们总是不期而至的。灵感在我们的生活和工作中往往具有巨大的价值。那么灵感的原理是什么？我们怎样才能更容易地获得灵感呢？

心理学家认为，灵感是意识与无意识交互作用的结果。灵感出现之前，人们对某一问题有着长时间的思考。这段时间的思考实际上是灵感孕育的过程。人们潜心思考的结果在大脑皮层留下了"痕迹"，在人们对某一个问题长期思考而不得其解的日子里，有意识的思考中止时，无意识的认知活动却仍然继续进行着。

其实，人们有意识思考的某些方面已经接触到了问题实质，已经达到了问题解决的边缘，只是由于思维的惯性，人们对这些有用的成份或结果没有加以重视，或者被有意识的认知否定掉了（但这些思维的结果仍然存在于无意识里）。旧有的思维模式常常束缚了人们的思维翅膀。当人们处于高度放松的时候，如散步、赏花、洗澡、度假，甚至是做梦时，有意识的认知活动较少，这时旧有的思维模式最容易被突破；在某一刺激的引发之下，人们在瞬间跳出旧有的思维模式，使长期沉积在无意识里的信息与意识瞬间沟通，从而解决问题。

其实，在科学发展史上，创造性活动往往就像阿基米德定律，是灵感突然迸发的结果。在苦思冥想下，阿基米德没有找到答案，没想到洗澡时偶然遇到的现象提示了他，答案竟自己跳了出来。

每个人的思维恐怕都遇到过卡壳的情况。比如对一些比较艰涩难懂的知识，第一次学习时，很难理解、把握；或者，遇到一个难题，想破脑袋也想不出解决的办法。

这种时候，继续想下去，可能只是干耗时间，因为灵感似乎离我们远去了，要么就是我们的路子不对。这时也许我们暂时把问题放一放，不去想它，做点别的事情，把脑筋换一换，再回来想这个问题，或者不刻意地想起它，等待灵感自己出现，就真的能等到灵感。就像诗里说的："踏破铁鞋无觅处，得来全不费功夫。"

这是因为，当我们遇到某个问题不能马上解决的时候，暂时放下，即使不去想它，潜意识还是在不断地对我们的知识结构进行整合、更新。当整合接近解决问题时，在某个点上，会被突然触发。这个暂停的过程叫酝酿，这种规律就叫"酝酿定律"。"酝酿定律"尤其对于解决高难度的问题比较有效。

有一个心理实验也说明了灵感的这种特点。心理学家给被试者提出了一个比较复杂的问题，在实验中的三组被试者都被要求用半小时来解决问题，第一组半小时中有55%的人解决了问题；第二组在半小时解决问题中间插入半小时做其他事情，有64%的人解决了问题；第三组在半小时中间插入四个小时做其他事情，有85%的人解决了问题。

在这个实验中，主试者要求被试者大声说出解决问题的过程，结果发现第二、三组被试者回头来解决问题时并不是接着已经完成的解法去做，而是像原先那样从头做起。因此，可以认为，酝酿效应打破了原本解决问题的思路中不恰当的思路定势，从而促进了新思路的产生。

让我们分析一下灵感产生的过程吧。

首先它需要人有较强的行为动机，并为此进行长时间的探索。而如果在长时期连续思考后，人还没有找到答案，就可能转入休息或进行其他休闲活动。这个阶段就是酝酿阶段。

人的意识好像一座冰山，露出水面的叫"显意识"，藏于水中的是"潜意识"。前者能被人觉察，如人们的思考、讨论，而后者却不能，灵感思维通常就是潜意识活动的结果。科学家认为，潜意识的能力要比显意识更强，显意识受常规思维的影响，难以自由发挥，而灵感则往往需要突破常规，是一种顿悟。

人们对一个问题经过长时期的冥思苦想，在经过多次尝试反复失败后，会暂时抛开这个问题，去休息、娱乐、锻炼，这时，人的思维反而排除了外界事物的干扰，显意识活动下降了，潜意识思考活动的信息就可能突然冒出来，灵感就是这样产生的。

因此，灵感不是极少数天才所特有的，它是每个人都可能遇到的，只要你掌握它的规律，获得灵感的前提是，你必须长时间地思考某个问题，即不断刺激大脑某个区域，使显意识向潜意识传达信息。然后，你就要注意劳逸结合，有张有弛。在长时间的紧张思维后，不妨暂时丢开一切思考，转入休息、散步、远望、观花、赏乐等活动，这些都有助于你大脑进行放松，激活潜意识。同时为了迎接灵感的到来，我们最好在酝酿阶段随时准备一个笔记本，记下脑中闪现的一些思维火花，这其中可能就有你需要的答案。

加强记忆是有方法可循的

我们以前感知过的事物，在一定条件下可以在大脑中重新反映出来。记忆就是这种以前经验在大脑中的贮存与重现。记忆是一种在感知基础上建立起来的精神活动。

这类活动在人们的认识过程和生命活动中，有非常重要的作用，因为一切复杂的高级心理活动的发展，都必须以记忆为基础。所以，记忆的强弱与情绪、心理压力和记忆方法等都有关系。

有一个关于演戏的故事，说的是一名监狱看守交给一个犯人一封信，让他照着念。在过去的历次演出中，犯人念的这封信都是全文写出的。而这一次演出，扮演看守的演员有意要和扮演犯人的演员开个玩笑，他把一张一个字也没写的白纸递给了"犯人"。扮演犯人的演员一看便傻了眼，他已经记不起信的原文。于是，他情急智生，瞧了一会儿，假装光线太暗，看不清楚，说了一声"请代读"，便把"信"又给了"看守"。扮演看守的演员突然遇到杀来的回马枪，却也同样背不出信的原文，忙说道："是呀，光线确实太暗了，我得拿眼镜去。"便托辞退下了台。不一会儿，看守戴着眼镜重新上来，已经拿回了信的原文，并大声流利地为犯人朗读了那封信。

和戏中的演员类似，在生活中，有时记不住一些东西，会让我们处于很尴尬的境地。比如见到一个认识的人，忽然想不起对方的名字，会让对方怀疑他在你心目中不重要；再比如，在工作中遗忘某一件事会给上司留下"糊里糊涂"的印象，从而对你的能力产生怀疑。记忆力对我们每个人都是一项很重要的能力，当然我们并不是说任何事都需要记忆。记忆应该也只能是有所选择的。

哪些因素能够影响记忆的强弱呢？随着行为神经科学的兴起，科学家发现情绪同记忆力有着不可分割的关系。我们在日常生活中都有这样的体会，感兴趣的东西容易记牢，激动人心的事往往长久不能忘怀。这涉及到记忆的选择性。我们感到愉快的经历，往往历历在目；感到痛苦的经历，则本能地趋向于将其忘却。

生活中还有这样的人：他在一个领域显得很聪明，在另一个领域却知之甚少。这是因为人们往往对感兴趣的事情记得很牢，也就是说，兴趣成为记忆和遗忘选择的分水岭。

而不好的情绪，比如心理的压力有时会成为记忆的障碍。人们往往会遇到这样的情况，在考试的时候，面对一个非常容易的问题，却怎么也回答不出来，这就是由于压力造成的。据一项研究结果表明，在精神压力下，人们回忆脑中所储存的事实和细节往往变得很难。

记忆是有方法可循的，死记硬背往往不能达到很好的效果。从事物中找出相同之处和不同之处，把它们系统地组织起来，才更容易识记。

心理学家苏沃洛夫建议道："记忆是智慧的仓库，但是在这个仓库里有许多隔断，因而应当尽快地把一切都放得井井有序。"拿破仑也说过，一切事情和知识在他的头脑里安放的像在橱柜的抽屉里一样，需要哪些，只需打开相对应的"抽屉"，便可获得。

死记硬背不如系统化记忆

我们每个人恐怕都有过忘事的时候。比如你在某场合见到一个认识的人，虽然知道认识他，可就是想不起他的名字，人家招呼你，你只能说："哎呀，是你呀！"却说不出人家的名字。如果人家不发现还好，一旦感觉到你没认出他来，对你的印象一定会打折扣，因为对方会觉得你不重视他（她）。

在生活中记忆力是很重要的一种能力，它不仅可以让我们避免社交中的尴尬，更重要的是，可以帮助我们掌握许多有用的知识。其实，一切复杂的高级心理活动的发展都必须以记忆为基础，就像一位科学家说的："一切知识归根结底都是记忆。"

就内容来说，记忆可以分为以下几种：感知形象的记忆，语词概念的记忆，情绪的记忆和运动的记忆。比如游览黄山，可以想起云海和迎客松，这是形象的记忆；对于抽象概念的记忆是概念的记忆；第一次听到一首好听的歌曲，记住了那种情绪所以记住了歌曲，是情绪的记忆；多年前学会打字、游泳，现在还都会，是运动的记忆。

那么怎样记忆能达到最好的效果呢？记忆不一定是下功夫越大，效果越好，而是有方法可循的。一般来说，死记硬背的效果反而不好。

有这样一个人，他想要充实自己，想把整部百科全书学习掌握。于是他从头开始学，可是从"A"学到100多个单词的时候，就再也学不下去了。这让他很苦恼，不知问题出在哪里。实际上，即使他继续这样学下去，也不会有多大效果，因为他违背了记忆的规律。

教育的基础是建立要收获的知识的体系，心理学家认为，一个人想要最好地理解和记忆所学的知识，最好的办法是把知识放到一个体系之中。有了相互的关联、相互的比较，知识才容易记忆。而百科全书是一种辞书，它不是按知识体系排的，所以不好记。甚至因为过于枯燥，会让人半途而废。

有些人，知道得并不少，可是他们的全部知识在记忆里，却是一些死东西，当需要回忆起某种东西时，却总是忘记了，而不需要的东西却"浮上心头"。还有些人，知识虽然可能少一些，但全部得心应手，并且在记忆里随时能够再现所需要的东西。这两种人的区别就在于，前者脑子里没有一个合理的知识体系，后者却有。

我们在记忆的时候，从一开始，就不要随随便便地、泛泛地学习东西，而是在学习的时候要同时建立知识体系，在脑子里把知识和用这些知识的场合之间联系起来。

或者说，材料在识记过程中应当不断地被加以系统化。在这里，从事物中找出相同之处和不同之处的能力是很重要的。苏沃洛夫建议道："记忆是智慧的仓库，但是在这个仓库里有许多隔断，因而应当尽快地把一切都放得井井有条。"拿破仑就是这方面的高手，他说，一切事情和知识在他的头脑里安放得像在橱柜的抽屉里一样，只要他打开一定的抽屉，就能取出所需要的材料。世界首富比尔·盖茨也说过类似的话。

总之，积累知识的系统性对于记忆很重要。

感官协同让记忆效果更好

宋代的大学者朱熹曾说过："读书有三到，谓心到、眼到、口到。心不在此，则眼看不仔细，心眼既不专一，却只漫浪诵读，绝不能记，记亦不能久也。三到之中，心到最急，心既到矣，眼、口岂不到乎？"朱熹的这个理论在我国的学术史上是很有名的，被后代的许多文人奉为学习的有效方法之一。

朱熹谈的"三到"，包括了两种感官的协同作用——视觉和听觉。心理学研究证明朱熹的理论是正确的。

心理学研究表明，参与收集信息的感官越多，信息就越丰富，所学的知识也就越扎实。多种感觉器官一齐上阵参与记忆，要比一种感觉器官孤军作战单独记忆的效果好。这种多种感官协同活动从而提高感知效果的现象叫协同定律。

美国心理学家格斯塔做过这样一个实验：他把智商相近的 10 个学生均分为两组，第一组所在的屋里只有 5 张椅子和 5 本《圣经》；第二组所在的室内除 5 本《圣经》之外，还有几本宗教故事画集，并播放宗教音乐。然后要求两组被试者都背诵《圣经》，结果他发现第二组被试者成绩远远优于第一组。

如今的电化教学（视听教学）的优越之处也在于此，就是可以使声音与画面相结合，生动形象与情绪感染相结合，从而获得更好的学习效果。

心理学研究还发现，人从不同感觉器官得到的知识记忆效果是不同的。一般的说，人从听觉获得的知识，能够记住 15%；从视觉获得的知识，能够记住 25%。但是如果把听觉和视觉结合起来，就能记住二者所获得的知识的 65%。也就是说，把感官协同起来一起发挥作用，要比它们单独运用的结果的和还要好。

据实验，多道感官协同学习的优劣次序是：视觉最优，听觉最差。所以，光上课听讲，遗忘最快。有效的学习，与其用耳听，不如用眼看，更不如眼看口读，最好还是亲身去做。

比如，学习游泳，我们自然可以通过听讲、读书、看图、看电影、看电视等途径获得游泳知识，然而，"纸上得来终觉浅，绝知此事要躬行"，因此，最好的办法还是下水实践。

教师在教学中如果应用这个心理定律，教学效果会大大增强。数学是一门抽象的学科，而要使抽象的知识形象化，使学生理解得更快，记忆得更牢，可以运用感官协同定律。

例如，小学生对多位数除法的算理很难理解，老师可以让学生用小棒分一分，边看边想边说。在几何教学中，为了培养学生的空间想象能力，可以尝试动手操作，让学生摸、折、围、剪、拼、搭用纸做的几何图形，然后再用语言表达，在脑中想象，就容易培养空间想象力。总之，数学教学可以让学生动用多种感官，把无形化为有形，提高感知效果。

人更容易记住感兴趣的事

一群大学生骑自行车去颐和园玩，没想到半路上有人的自行车出了毛病。于是他们只好修完了自行车再上路。在公园里划船时，老天爷好像故意与他们作对似的，下起雨来了。大家都没有带伞，淋成了落汤鸡，冻得够呛。有的人心情急躁，还互相吵了起来。总的来说，这不是个愉快的旅行。

但是没想到，毕业若干年后，同学们聚会，回忆起这个经历，却感到十分畅快，充满了欢声笑语。

其实我们在日常生活中都有这样的体会，感兴趣的东西容易记牢，激动人心的事往往终身不能忘怀。

这体现了生物的适应性遗忘规律，是记忆选择性的一种表现。就是说坏事情、不愉快的事情往往比好事情、愉快的事情更容易遗忘。

生活中总是有很多痛苦，但是大多数人仍然会坚强乐观地活下去。如果仔细比较，或许生活中痛苦要比欢乐多。可是你看生活中的大多数人，无论经历多少痛苦，或者即使明白将来的痛苦也比欢乐多，人们往往会乐观地活下去。人们总是对幸福和快乐充满了向往，而且在回忆自己的过去时，人们也会倾向于忘掉不愉快，而只选择记忆那些愉快的人和事。这似乎是一种无意识的选择，其实可能根植于人们的人生观。

就像电影《活着》里面所表现的，主人公经历了动荡的时代，经历了赤贫的煎熬、丧失亲人的痛苦，以及未来的渺茫，但是只要生活中有一丁点快乐，也能让这一家人变得乐观起来。因为人性就是这样执着地追求着生活中的欢乐，不管它的数量是多么的少。

可以说，人类总的来看，是天生的乐观主义者。而这并不取决于现实中痛苦与欢乐的多少，而是取决于人们记忆中欢乐与痛苦的多少。人们执拗地把痛苦从自己的记忆中抹去，让自己以为生活是值得过的。正是这种精神，使人类前赴后继地与生活中的一切痛苦、艰难与恐惧作斗争，才能一代一代地繁衍下去，得以存续。

此外，人们对感兴趣的事情也会记得更牢。这似乎很好理解，人们在做感兴趣的事情时，心情更好，情绪激昂，从而使脑力得到最好的发挥，当然记得更牢。

我们在生活中总会发现这样的人：他在一个领域显得很聪明、很睿智，而在另一个领域却显得知之甚少，甚至比较低能。譬如一位专家、学者，在人际交往方面要比推销员差得远，尽管他的学识要远远超过后者；而一个社交能力很强的人，他能记住很多人，包括这个人的喜好、特征、头衔、家庭情况等等都记得很清楚，但他或许没有任何领域里的专业知识。前者的记忆重视深度，后者的记忆重视广度，前者往往是内向型人，后者往往是外向型人。

实际上如果你仔细观察身边的人，就会发现真正的全才是没有的。这也是记忆选择性的一种体现。就是说，一个人不可能样样都行。一个人的记忆力是有限的，记住这个，就记不住那个。而他只能对知识和信息做出记忆的选择。当然人们往往对感兴趣的、有用的花的心思更多，当然记得更牢。

比如数学家陈景润，虽然在数学领域有天才的头脑，但他在生活中却是个"低能儿"，生活几乎不能自理。这种现象在许多天才身上都有所体现。在平常人身上也是同样道理，只不过没有显现的那么极端罢了。

我们要明白的是，任何人的记忆力都是有限的。当你看到一个记忆力特别好的人，也不用感到自卑，其实他在别的方面可能还不如你。问题在于，我们应该找到自己感兴趣的领域，去记忆其中对我们有用的东西。

第三章

人的情绪变化总是有迹可循

情感需要适当地宣泄

情感产生后，只有得到宣泄，心情才会恢复平静。情感的压抑对身心是不利的。

人在一生中会产生数不清的意愿、情绪，但最终能实现、能满足的却为数不多。有人认为，对那些未能实现的意愿、未能满足的情绪，必须千方百计地压抑下去、克制下去，而不能让它发泄出来。殊不知，这压抑、克制的意愿和情绪，就是一种在心理上积蓄起来的能量。它可以通过别的途径转移，却不会被直接消灭。

虽然在你的压抑、克制阶段往往意识不到它还存在，但这只说明它不在"显意识层"出现，而是很可能成了隐藏在心理深处的"暗流"。而聚积在心理深处的暗流如果找不到宣泄的途径，那就会越涨越高，在心理上形成强大的潜压力。如果高筑心理的堤坝，防止它们外流，这势必使人在心理深处与外界日益隔绝，造成精神的忧郁、孤独、苦闷和窒息；或者这股暗流要冲破心理的堤坝，使人显现一种变态的行为，甚至导致精神失常。

有一句众所周知的话：堵塞不如疏导，是很有道理的。所谓的疏导，就是情绪的宣泄。

有一个在燕国出生的人，在楚国长大，到了花甲之年还不曾回过家乡。燕国人因为思乡心切，不顾年事已高，气血衰退，居然独自一人不辞劳苦，千里迢迢去寻故里。

他在半路上遇到一个北上的人。两人经过自我介绍以后，很快结成了同伴。他们一路上谈天说地，起居时互相照应，因此赶起路来不觉得寂寞，时间仿佛过得很快。不知不觉，他们就到了晋国的地界。

可是燕国人没有想到这个与自己朝夕相处、一路风尘的同伴竟使出捉弄人的花招。他的那个同伴指着前面的晋国城郭说道："你马上就要到家了。前面就是燕国的城镇。"这燕人一听，一股浓厚的乡情骤然涌上心头。他一时激动得说不出话来。他的两眼被泪水模糊了，表情非常悲伤。

过了一会儿，那同伴指着路边的土神庙说："这就是你家乡的土神庙。"燕人听了以后，马上叹息起来。家乡的土神庙可是保佑自己的先辈在这块燕国的土地上繁衍生息的圣地呵！他们再往前走，那同伴又指着路边的一栋房屋说："那就是你的先辈住过的房屋。"燕人听了这话，滚滚的泪水顿时流下来，把他的衣衫也弄湿了。祖居不仅是父母、祖辈生活过的城堡，而且是自己出生的摇篮。祖居该有多少动人的往事和令人怀念的、神圣而珍贵的东西呵！

那同伴看到自己的谎话已经在燕人身上起了作用，没等燕人的心情平静下来，又指着附近的一座土堆说道："那就是你家的祖坟。"这燕人一听，更是悲从中来。自己的祖辈和生身的父母都安息在眼前的坟墓里。这座祖坟不就是自己的根吗？虽然说这个燕人已年至花甲，然而他站在阔别多年的先辈坟前，却感到自己像一个失去了爹娘的孤苦伶仃的孩子，再也禁不住强烈的心酸，放声痛哭起来。

那同伴看够了笑话，忍不住哈哈大笑起来，对燕人说："算了，算了，别把身子哭坏了。我刚才是骗你的。这里只是晋国，离燕国还有几百里地哩。"听同伴这么一说，燕人才知道上了当。他怀乡念旧的虔诚心情顿时烟消云散，并且因自己轻信别人而导致过度冲动感到难堪。

当这个燕国人真正到了燕国的时候，燕国的城镇和祠庙，先辈的房屋和坟墓，依次出现在他眼前，可是奇怪的是，他看到这些景象，反而无法产生触景生情的伤感了。

为什么那个燕国老人看到真正的故土时，反而没有被骗时那么激动了呢？这是因为他在几十年里蓄积起来的一腔思乡激情，已经在被骗的时候提前爆发了，也就是已经得到了宣泄。而那股情绪只有那么多，宣泄了，情绪也就得到了平复，即使到了真正激起他感情的地方，也就再没有什么感情可宣泄的了。

这个故事说明，人由一件事激起的感情只有那么多，如果你不想法排泄出去，它就停留在你的情感里面，使你时刻受它的影响，如果是不良的情绪，还会干扰你做其他事情。如果你找到一个渠道将它发泄，你的心情就能够得到平静，不再受这种情绪的困扰。这证明情绪宣泄对人们消除不良情绪，获得心灵平静具有神奇的作用。

李先生曾遇到过这样一个奇特而又有点可笑的事：

一天深夜，他突然接到一个陌生妇女打来的电话，对方的第一句话就是"我恨透他了！"

"他是谁？"李先生奇怪地问。"他是我的丈夫！"李先生想，噢，她是打错电话了，就礼貌地告诉她："你打错电话了。"

可是，这位妇女好像没听见他的话似的，继续说个不停："我一天到晚照顾孩子和生病的老人，他还以为我在家里享福。有时候我想出去散散心，他都不让，而他自己天天晚上出去，说是有应酬，谁会相信……"

尽管这中间李先生一再打断她的话，告诉她，他并不认识她，可她还是坚持把话说完了。

最后，她对李先生说："您当然不认识我，可是这些话已被我压抑了很久，现在我终于说了出来，舒服多了。谢谢您，对不起，打搅您了。"

这个事情似乎比较可笑，但其实也有辛酸的一面。这个女人因为积压了过多的不良情绪，已到了非发泄不可的程度。为了自己心理的健康，她只好急不择人，随便找人发泄一气了。还好，李先生的倾听让她暂时得到了情绪的缓解。这个妇女是让人同情的。如果她不及时发泄，也许会出现精神错乱甚至更可怕的恶果。

实际上，生活中的许多灾祸，不就是在情绪无法得到正常宣泄的情况下，而采取了失去理智的疯狂举动么？而这种疯狂举动成了这个人唯一的发泄渠道。这种情况是需要我们尽力避免的。

我们每个人在一生中都会产生数不清的意愿、情绪，但最终真正能实现、能满足的却并不多。有人认为，对那些未能实现的意愿、未能满足的情绪，应该千方百计地压抑下去、克制下去，而不能让它发泄出来，因而对宣泄法颇不以为然。但是他们不知道，这样的情绪和意愿被压制，就会产生一种心理上的能量，这种能量只有通过其他的途径才能释放出去，它自身不会有丝毫地减少。就好像物理学上的"能量守恒定律"。

即使你在压抑、克制阶段意识不到它的存在，也只说明它从"显意识层"，转移到了"潜意识层"，对你的影响仍然存在，而且一直在找机会真正发泄出去。

打个比方，情绪就像大水，你不让它发出去，就像往水库里蓄水，只能是越涨越高，在心理上形成一个强大的压力。要想它不外流，就必然要在心理上高筑堤坝，而这势必使人在心理深处与外界日益隔绝，造成精神的忧郁、孤独、苦闷和窒息。如果这股暗流积到一定程度，就要冲破心理的堤坝，使人显现一种变态的行为，甚至导致精神失常。

实际上，对于这样的情绪，最好的办法是疏导，而不是堵塞。因为堵塞只能是暂时的，到一定程度就会造成"决堤"，那时情况失控就更严重了。

心理学家在霍桑工厂做过一个实验。霍桑工厂是美国西部电器公司的一家分厂。为了提高工作效率，这个厂请来包括心理学家在内的各种专家，在大约两年的时间里，找工人谈话两万余人次。在谈话中，心理学家耐心地听取工人对管理的意见和抱怨，让他们尽情地宣泄出来。结果，霍桑工厂的工作效率大大提高。

当然合理的宣泄有两个要点：一是宣泄情绪，二是解决问题。这就像高压锅做饭，一方面气要适当放掉，另一方面饭要做好。如果只起泄掉气的话，那么，拿掉整个锅盖岂不是使气释放得更快？然而饭却夹生了。

在冲突过程中，不能只顾一味地"撒气"，搞毫无道理的只是利己的冲突，做盲目冲突的无用功。宣泄应该是无害的，最好还是建设性的。一有怒气就大动肝火，一有痛苦就大哭大嚎，一有冲动就蛮干一通，并不是真正的宣泄，因为它反而激起了新的不良情绪。

宣泄中，尽量不要指责别人，而用诉苦的方式，更容易博得别人的理解。或者转移到另外一件对任何人都无害的事上，比如听音乐，做运动，自言自语，写日记，找心理医生等，都是很好的宣泄方式。

所以，遇到不愉快时，可以找几个志趣相投的知己朋友聚一聚，倾诉一番，兼听朋友们的见解，重新审视事实，辨别是非，从此心情豁然开朗；或者到歌厅吼上几曲，到运动场上跑上几圈……总之，每个人都可以找到适合自己的宣泄途径。

人总是会对禁止的东西感兴趣

越是禁止的，人越感兴趣，越想得到，这是人的逆反心理的一种表现。

人们在生活中常常会遇到这样的情况：越是被禁止的东西或事情，越会引来人们更大的兴趣和关注，使人们充满窥探和尝试的欲望，千方百计试图通过各种渠道获得或尝试它。这一现象被称作"禁果效应"。"禁果效应"存在的心理学依据在于，无法知晓的"神秘"的事物，比能接触到的事物对人们有更大的诱惑力，也更能促进和强化人们渴望接近和了解的诉求。我们常说的"吊胃口"、"卖关子"，就是因为受传者对信息的完整传达有着一种期待心理，一旦关键信息在受传者心里形成了接受空白，这种空白就会对被遮蔽的信息产生强烈的召唤。这种"期待——召唤"结构就是"禁果效应"存在的心理基础。

上帝在东方的伊甸，为亚当和夏娃造了一个乐园。那里地上撒满金子、珍珠、红玛瑙，各种树木从地里长出来，开满各种奇花异卉，非常好看；树上的果子还可以作为食物。园子当中还有生命树和善恶树。上帝让亚当和夏娃住在伊甸园中，让他们修葺并看守这个乐园。上帝吩咐他们说："园中各样树上的果子你们可以随意吃。只是善恶树上的果子你们不可以吃，因为你吃了它就会死。"亚当和夏娃在伊甸乐园中幸福地生活着，履行着上帝分配的工作。

伊甸园中那棵善恶树，是上帝为考验人的信心而设置的。撒旦原是上帝的天使，后来堕落成为魔鬼和恶灵的首领。有一天，他以蛇的形状向夏娃显现，蒙骗夏娃说："那棵善恶树的果子特别好吃，你们吃了不一定死，上帝禁止你们吃它，是因为你们吃了果子，眼睛就亮了，你们便和上帝一样知道善恶了。"

夏娃见那树上的果子非常漂亮、诱人，而且听说吃了它还可以具有与上帝一样的智慧，她就把上帝的告诫抛到了九霄云外。她摘了那本来禁止人摘的果子，吃了下去；她又给了亚当，亚当也吃了。顿时，二人的精神世界澄清了，明晰了。他们开始分辨物我，产生了"自我"的概念。他们无比沮丧地发现，自己赤裸着身体，是羞耻的事情，于是他们用无花果的叶子为自己编织了裙子，来掩饰下体。

上帝在园中行走，亚当和夏娃听见他的脚步声就躲了起来。上帝呼唤着："亚当，你在哪里？"亚当对上帝说："我在园中听见您的声音，就害怕，因为我赤身露体，我便藏了起来。""谁告诉你赤身露体的呢？难道你吃了我吩咐你不可以吃的那棵树上的果子么？!"亚当辩解说："您所赐给我与我同居的女人把那棵树上的果子给我，我就吃了。"

上帝又问夏娃："你都干了些什么呢？"夏娃说："那蛇引诱我，我就吃了。"于是上帝责罚罪魁祸首的蛇说："你既作了这事，就必受咒诅，比一切的牲畜禽兽更甚，你必用肚子行走，终身吃土。"上帝接着责罚夏娃道："我要增加你怀胎的苦楚，让你恋慕你丈夫，而你丈夫必管辖你。"最后，上帝对亚当说："你既听从了妻子的话，吃了我所吩咐你不可吃的那棵树上的果子，土地必因为你的缘故受诅咒，你必须终身劳苦，才能从地里获得粮食。因为你是从土里创造出来的，你本是尘土，仍要归于尘土。"

禁果分外香，禁果格外甜，越是不让做的事，越是禁止做的事，人们越是想做。因为它激起了人们的好奇心理和逆反心理。《圣经》中这个关于人类远祖的故事，暗示了人类的本性中具有根深蒂固的"禁果效应"倾向。

很多人不知道的是，今天我们生活中司空见惯的蔬菜——土豆，在刚刚被发现时，就曾因为被当作禁果，而得到推广。

故事是这样的。土豆被从美洲引进法国时，很长时间没有得到认可。宗教迷信者把它叫做"鬼苹果"，医生们认为它对健康有害，而农学家则告诉人们，土豆会使土壤变得贫瘠。这些"权威人士"的断言，使土豆成了不受欢迎、希奇古怪的东西。

著名的法国农学家安端·帕尔曼切在德围当俘虏时，亲自吃过土豆。他尝到了土豆的"甜头"，就想回到法国后，在自己的故乡普及它。可是因为那些权威人士的断言，谁也不相信它，谁也不敢种土豆。

后来他灵机一动，想出了一个办法。

1787 年，他得到国王的许可，在一块出了名的低产田上开始栽培土豆。根据他的要求，要由一支身穿仪仗服装的、全副武装的国王卫队看守这块地。但只是白天看守，到了晚上，警卫就撤了。

这使人们非常好奇，是什么好东西需要这样煞有介事地看守？一定是好东西，才怕别人偷啊。人们这样一想，就猜测土豆一定是非常美味或很有好处的食品，就禁不住要垂涎欲滴。他们于是商量好，到晚上就来偷着挖土豆，种到自己菜园里去。

不用说，土豆得到了很好的推广，人们发现这是一种风味独特的食品，它没有任何可怕的地方。帕尔曼切就这样达到了目的。

人的心理是多么奇怪啊。难道禁果就格外香，格外甜么？

其实这是由人们与生俱来的好奇心决定的。人们渴望揭示未知事物的奥秘，本来一个平常的事物，如果遮遮掩掩，就会大大吊起人们的胃口，非要弄到手，研究个明白而后快。否则这种好奇心就会一直折磨人们的心灵。

尤其是人们觉得被禁的东西，是某些人想专有的东西，那么它一定是因为太好，而舍不得给所有人用。这就使人们推测被禁的东西是好东西，所以才分外向往。

而且花费心思和力气弄到的东西，往往使人们有一种成就感，比对待容易弄到的东西更加珍惜。这也是惯常的心理。

"禁果效应"在古往今来的传播实践中屡见不鲜，表现形式也是形形色色。例如，生活中"禁果定律"是很常见的。就像历代统治者经常把他们认为是"诲淫诲盗"的书列入"禁书"之列，如我国的《金瓶梅》和西方的萨德、王尔德、劳伦斯等人的作品。被禁不但没有使这些书销声匿迹，反而使它们名声大噪，使更多的人挖空心思要读到它们，反而扩大了它们的影响。

"禁果效应"在家庭教育中是普遍存在的。有些家长总是喜欢禁止孩子做这做那。比如有许多不健康的书，孩子本来并不知道，知道了也不一定去看，但假如被父母禁止，孩子反倒想看个究竟。再如，父母对孩子早恋、现电脑游戏、进行网络聊天等一味地采取禁止态度，也会导致孩子产生"禁果效应"。这些都是父母和教育工作者需要注意防止的。

紧急情况会激发人的潜能

也许我们都还记得小学课本里学到的"司马光砸缸"的故事。那时，司马光不到 10 岁。

有一天，司马光跟小伙伴们在一起玩得正起劲，忽然一个在水缸边玩耍的小伙伴，一不小心掉进了水缸，他在水中拼命挣扎，大声呼救。水缸很大，要爬上去也不是很容易，而且小孩子力气小，也很难把这个伙伴拽上来。

怎么办呢？周围的孩子都吓得变了脸色，只有司马光比较镇静，他环顾四周，忽然发现有一块大石头，于是灵机一动，想出一个办法。那个石头对他来说沉了一点，但他刚好能拿得动，就搬起石头，猛力向水缸砸去！

只听"咣当"一声巨响，水缸破了个大洞，水哗啦一下流出来，孩子们七手八脚地把伙伴从缸里拉了出来。

司马光不愧是个天才人物，从小就体现出与众不同的临机应变的心理素质。

在意料之外的紧急情况下，人会产生极度紧张的情绪，心理学上把这叫做应激反应。当情绪处于高度应激状态时，人的激活水平快速发生变化，表现为心率、血压、肌肉紧张度发生显著的变化，大脑皮层的某一区域高度兴奋。在这种情况下，人们可能急中生智，做出平时不能做出的勇敢行为，发挥出巨大的潜能；但另一方面，也可能心绪紊乱，惊慌失措，做出不适当的行为，而司马光显然属于前者。

似乎许多伟大人物都具有冷静的心理素质和超常的智谋。比如拿破仑就曾在一个应激的状况下，急中生智，救了自己的士兵。

有一次，拿破仑骑着马正穿越一片树林，忽然听到一阵呼救声。情况很紧急，他扬鞭策马，朝着发出喊声的地方赶去。来到湖边，拿破仑看见一个士兵跌入湖里，一边挣扎，一边却向深水中漂去。岸边的几个士兵慌做一团，因为水性都不好，只有无可奈何地呼喊着。

拿破仑见此情景，便问旁边的那几个士兵："他会游泳吗？""他只能扑腾几下，现在恐怕不行了！"一个士兵回答道。拿破仑立刻从侍卫手中拿过一支枪，朝落水的士兵大声地喊道："你还往湖中爬什么，还不赶快游回来！"说完，朝那人的前方开了两枪。

落水人听出是拿破仑的声音，也看到子弹射入水中，顿时似乎增添了许多力量。只见他猛地转身，扑通扑通地向岸边游来，不一会儿就游到了岸边。

落水的士兵被大家七手八脚救上岸来，小伙子惊魂初定，连忙向拿破仑致敬："陛下，我是不小心落入水中的，您为什么在我快要淹死时还要枪毙我呢？"拿破仑笑着说："傻瓜，我那只不过是吓你一下，要不然，你真的要淹死哩！"经他这样一提醒，大家才恍然大悟，打心底更加佩服拿破仑的睿智。

看来，这位威震欧洲的拿破仑还懂点儿心理学呢。拿破仑给那位落水的精疲力尽的士兵一个强刺激，使他精神一振，进入心理学所说的应激状态，使他的全部力量和智能都被激活，也就自救成功了。不过，急中生智可不是总能发生的。有的人，急中不但不能生智，反而会吓得慌了神，反而"不智"了。有人认为，急中生智是一种学不会的天赋，其实不然，现代心理学研究发现，急中能否生智，取决于三个条件：

一是急中要"冷"，就是冷静。人越到需要紧迫作出决定的时候，思维越容易混乱，甚至思考能力干脆停止了，这样哪里还能生智？其实情况越急，心里越不要急，才想得出办法。总之要培养在任何情况下都保持冷静的心理素质。

二是急中要"变"，也就是善于变向思考。一般的，定向思维在"急中"生不了智，常常是变向思维使你幡然开悟。

三是要有比较丰富的知识。平时要训练自己的头脑，积累丰富的知识，在紧急时刻才有办法可想。

兴趣决定着我们的意识

兴趣可以激起极大的热情，一旦被干扰，可能会引起怨忿。

心理学认为，兴趣是个体力求积极探究某种事物或从事某种活动的意识倾向，是人对事物的真正关心，而不是表面的关心。它是推动人们去寻求知识和从事某种活动的一种精神力量，一种动力。它主要表现为个体对某种事物或从事某项活动的选择性态度和积极的情绪反应。兴趣可分为直接兴趣和间接兴趣两种。

由于对事物本身感到需要而引起的兴趣，叫做直接兴趣。例如看电影、戏剧或小说等。对事物本身并没有兴趣，而是对事物未来的结果感到需要而有兴趣，叫做间接兴趣。例如对学习本身没有兴趣，但为了学习到知识才具有兴趣。

心理学认为兴趣的发展有三个阶段：有趣—乐趣—志趣。有趣是初级的兴趣，是引人入门的第一步；乐趣是中级的兴趣，是一种持之以恒的活动过程；志趣是高级的兴趣，是联系着事业的志向目标。兴趣，还分物质兴趣、精神兴趣、社会兴趣等。

某城市晚间将首次上演一部侦探剧。这部剧被认为惊险绝伦，将引起空前的轰动。首场票在几星期以前就被抢购一空了。人们站在剧场门前议论着："剧名叫什么？"

"《公园街谋杀案》。"

心理学的秘密
XIN LI XUE DE MI MI

"听这剧名还挺惊险的。"

"剧情才有悬念呢。听说快到终场时，还没有人能弄明白究竟谁是谋杀者。当幕布徐徐落下的一刹那，才会使人恍然大悟、茅塞顿开。"

刚刚下火车到达此城的约翰，素来喜欢看侦探故事，听说这非同一般的议论，实在按捺不住好奇的心情，于是花了近 10 倍的价钱在黑市买了一张包厢里的席票，以便认真听好每一句台词。当他神情激动地踏进剧院大门时，观众席里已是漆黑一片。一位包厢侍者殷勤地领着约翰来到他的包厢。此时，舞台上的幕布正缓缓开启。

"先生，这座位还不错吧?"侍者伸出手来等着他的小费。可约翰此时目不斜视直盯舞台，哪里顾得上他。

侍者不甘心放弃，就轻声问："是否可以替您去存衣处存衣帽?"

"不用了，谢谢。"片刻之后，侍者又问："来份节目单怎么样? 上面还有剧照呢!"

"不，谢谢。"

"散场后，您是否希望叫辆出租车?"

"不用!"

剧情一开始就扣人心弦，约翰生怕错过一句台词，可身边侍者却不甘心放弃小费，仍在喋喋不休："场间休息时，来杯香槟酒或是来几个面包卷什么的，好吗?"

约翰的忍耐终于到了极限，他吼道："不，不要，我什么都不要! 见鬼，你给我滚远点! 不要影响我看剧!"

侍者终于明白从他这里是赚不到分文了，因为受到呵斥，他心里非常恼火，马上想出了一个报复约翰的妙招。只见他深深一鞠躬，然后伸手指着舞台，凑近约翰的耳朵，压—低了嗓音说："瞧那个园丁，他就是凶手！"说完，他悄然退出包厢。

约翰顿时怒火万丈，并且沮丧至极，因为他花费高价意欲寻求的乐趣随着这一句话，一下子就变为乌有了。

人们的兴趣倾向与人们的情绪状态有直接的联系，于是产生了旺盛的求知欲和强烈的好奇心。这种求知欲和好奇心得到满足是一种精神上的幸福和快乐。相反，如果得不到满足，就会在精神上陷于痛苦。因此说，破坏别人的兴趣，对人是一种精神上的打击。上面故事中的侍者正是利用这个心理规律，报复了约翰对他的无礼。

无独有偶，在美国有一位读侦察小说入迷的妇女，向法院提出诉讼，要与自己共同生活多年的丈夫离婚，原因是她的丈夫对她过于"残忍"。这残忍的事实就是，她的丈夫抢先看了她的侦探小说，并把"真凶"写在书的首页上。这两个笑话道理相似，都从侧面说明了兴趣在人心理上激起的巨大热情。

兴趣一旦被激发，人们会伴随愉快紧张的情绪和主动的意志努力，去积极地认识事物，因此兴趣对我们的事业具有无法替代的促进作用。牛顿对苹果为什么会落地发生兴趣，才发现了万有引力定律；瓦特看到蒸汽对周围的物体产生动力，非常好奇，才发明了蒸汽机；当诺贝尔在实验中发现了炸药的配方时，他的十指和脸被炸得血肉模糊，他却兴奋地叫道："我找到了！"可见，兴趣对人成功的作用是非常重要的。

内心生活丰富才会让人不寂寞

几个心理学系的大学生误了火车，而下一趟车得等三个钟头。谁没遇到过这种事，谁不知道这该是多么寂寞的一件事啊！起初，他们也感到寂寞，可是有人提问："什么是寂寞？""我们来观察一下候车室里我们附近的人吧。"其中有人提议道。于是他们立刻就不再感到寂寞了。

大家欣然同意了。于是他们交换起意见来。那边是一位有好几个孩子的妈妈。她正在忙着照料孩子：给这个孩子裹好襁褓，给那个孩子擦擦鼻子，还得用不安的眼神注视着另外两个老是跑来跑去的孩子。尽管她也在急切地等候着火车，但学生们都不认为她会感到寂寞。她的那几个好动的大孩子，对周围世界是那样感兴趣，根本谈不上寂寞。

一位姑娘手里捧着一本书，将就地坐在角落里。她手里拿的是教科书，还是小说——谁知道呢？——然而很显然她十分专心地在读着。这就是说，她也不感到寂寞。还有那两位正在下袖珍象棋的小伙子，怎么也不会寂寞的。

学生们又把目光转向一对年轻的情侣，他们互相凝视着，难分难舍，恨不得那拆散他们的火车永远不要开来，他们哪会寂寞？

而那位年轻人，坐在那里，目光毫无表情地死盯着一点，肯定感到寂寞。忽然，他抖擞了一下，开始读起车票价目表来。但很快又盯着一点，呆呆地望着。

他的身旁是一位少妇，她漫不经心地打量着周围，毫不注意自己的女儿。这女孩有六七岁，老是在啜泣着："妈妈，火车快了吧？妈——妈，火——车——快了吧？"真是两个寂寞的人。

那么，寂寞究竟是什么呢？我们依旧这样设想一下，假定我们能够观察到这些人的大脑里的活动。在那些不感寂寞的人的大脑里，我们会看见决定着他们的皮质神经动力的发亮的兴奋灶。在那嘤嘤啜泣的女孩的大脑里，可以看见微微发光的灶；当她拖着长腔发出那令人厌烦的问题时，这个灶轻轻地闪烁着。

一位老爷爷在安顿好自己之后，便进入了梦乡。一位身穿工作服的女人，面带倦容，也在打着盹，看来，她很困，但是由于坐得不舒服，她又睡不着。他们的皮质神经动力状态同上面所描述的相似，不过，他们不是感到寂寞，只是发困罢了。我们在晚上就寝的时候，也并不感到寂寞。

从心理学上看，当没有外界刺激进入经过休息的大脑皮质，而皮质上同时又有决定着期待什么东西时，就会产生寂寞感。使寂寞者的皮质神经动力有别于单纯想睡觉的人。也就是说，困倦的人并不属于寂寞的人。

寂寞在某种程度上与期待相似。它总是与想改变条件并得到积极活动可能性的愿望有联系。因此，重病患者一般不会感到寂寞，而对于正在恢复健康的人来说，却比较容易寂寞。

心理学家发现，一个人的内部心理世界越丰富，他的寂寞感就越少。因为这样的人，随便干点什么活，就会比较容易填满无所事事的时间。在人类历史上，曾经在囚徒身上检验过这条规律。在今天，挑选和训练宇航员时，要把他们长时间安置在与外界完全隔绝的专门的舱内，进行这种检验。也就是说，宇航员必须要有较强的抗寂寞能力才行。

　　此外，你看许多热爱自己工作的科学家，虽然经常独自研究做实验，哪里会感到寂寞呢？他们投入工作，感到乐在其中。还有孔子，一大把年纪，仍然"发愤忘食，乐以忘忧，不知老之将至"，也丝毫不感到寂寞。

　　有些平时情绪很正常的人，一到星期天就感到很郁闷，有人管这叫"星期天沮丧症"。照理说，辛苦工作了一个礼拜，到了休息的日子，自己可以支配，应该高兴才对，可是对有的人来说，却感到寂寞突然袭来，因为在工作之外，他们没有学会怎样对抗寂寞。

　　这种情况较多发生在单身一人的情况。看到别人都去约会、活动，自己就会感到寂寞苦闷。另一种因为星期天过后将会面对很多工作，在星期天就感到心情烦躁。针对这种情况，心理学家建议人们对周日的活动应尽早做出筹划安排，搜集有关信息，如郊游、聚会、娱乐、充电等，尽量让自己过得充实。

　　心理学家还纠正了一种错误的观念，就是认为社交圈的大小与寂寞有关。其实不论你接触多少人，只要有亲密的朋友，就不会感到寂寞。如果你认识很多人，却少有亲密的朋友，也一样会感到寂寞。

　　科学家发现，寂寞对人类的免疫系统有一定损害。我们应该主动去和人接触，多培养业余爱好。实际生活中有趣的事情无穷无尽，只要我们善于发现，就很容易驱走寂寞。

君子不立危墙之下

战国时代，在齐国有一个无名小镇，镇上住着两个自命不凡、爱说大话的人。他们都自夸为全世界最勇敢、最顽强、最不怕死的人。他们一个住在城东，一个住在城西。

有一天，这两个自诩为最勇敢的人碰巧同时来到一家酒楼喝酒。他们一先一后进了酒楼后才互相看见对方。两人相互寒暄了一番后，便选中靠窗的一张又干净、又明亮的餐桌相对而坐。不一会儿，酒保送上来了一坛陈年老酒。店小二替他们各自斟满了一碗酒后，退了下去。

这两个"最勇敢"的人喝了一会儿酒，聊了一会儿天，边喝边谈，渐渐觉得有酒无肉实在是有点乏味。其中一个"最勇敢"者提议说："老兄，稍等一会儿再喝。这样光喝酒不吃肉也不是味，我到菜市场去买几斤肉来，叫这酒店厨师加工后端上桌子供我们下酒。咱俩难得在一起，今天喝个痛快。"

另一个"最勇敢"者答道："老兄，不必到菜市场去买肉了，你我身上不都长着有肉吗？听人说腿肚子上的肉是精肉。我们将自己随身带的刀在自己身上割下肉来下酒，又新鲜、又干净，不是更好吗？只叫店小二端盆酱来蘸着吃就行了。"第一个"最勇敢"者为了表现自己的"勇敢"，只好同意了对方的提议。

不一会儿，店小二将一盆酱端来了，放在桌子上面。他们每人喝了一碗酒后，各自抽出自己的腰刀，在自己的大腿上割下一大块肉来，血淋淋的放在酱盆里蘸了一下，然后送到自己嘴里咽了下去。就这样，他们每喝一大碗酒，就在各自大腿上割下一大块肉来吃。

当时在场的人看后吓得目瞪口呆，但谁也不敢上前干预。这两个"最勇敢"者在酒楼里一边喝酒，一边吃着从自己身上割下的肉。因为他们都自称是世界上最勇敢的人，因此谁也不肯在对方面前认输。就这样，酒一大碗一大碗地喝下去，他们身上的肉也越来越少，鲜血不断地从他们身上流出……没多久，这两个自诩为最勇敢的人都由于失血过多而死去。

我们看到这个故事，一定觉得这两个人太愚蠢了。不过这只是个寓言故事。勇敢本来是很好的品质，它能帮助我们战胜危险和困难。但是盲目的逞勇斗狠却是无聊的行为，是愚蠢而可悲的。而且吃自己的肉，也够恶心的，如果我们对这种行为感到厌恶的话，就不会做出那样的蠢事了。

厌恶，是人人都体验过的一种情绪。厌恶心理具有种类和程度的差别，既有强烈的，如看见就想呕吐，听到就感觉浑身痛苦难忍的；也有程度轻微的，如不大合得来，不想见面等等。对于厌恶的人或事，既有采取敬而远之、畏惧、回避等消极的办法的，也有采取攻击性的积极办法的。

厌恶情绪似乎是一种比较消极的情绪。因为惧怕某一个人，似乎说明你有弱点；而讨厌某一个人似乎说明你有偏见，任性、固执。

其实，仔细分析厌恶的心理活动，就不难发现，厌恶心理也有它积极的一面。心理学理论认为，厌恶回避本身常常可以产生自身防卫的效果。

"厌恶"、"讨厌"等判断的产生，正说明了人在一定条件下的行为，是经过选择的结果，而不是盲目的行为。

厌恶感是高级动物的一个标志。比如拿高级动物类人猿和低级动物蛇相比，就会发现类人猿具有丰富的厌恶情绪。而它往往会避开强敌，不会在那些不可能取胜的博斗中身负重伤甚至丧命。而蛇呢，它只要开始与对手搏斗，就会拼到用尽最后一点体力，而不会相机而逃，因此常常落个惨败的下场。这说明，蛇不具备根据实际情况选择对手的能力。

同样道理，在人类社会里，性格内向、生性老实的孩子同天不怕地不怕的孩子相比，虽然缺乏积极性、进攻性，但也有一个优点，那就是行为中有较大的选择余地，对于"敌我双方"的力量对比情况判断往往比较客观。所以，他们具有很好的防卫本领，不会为不可能取胜的"搏斗"而弄得头破血流。

如果上面故事中的那两个"最勇敢的人"像一般常人一样，对"好勇斗狠"有深深的厌恶，还怎么会无谓地送命呢？

孟子说："君子不立危墙之下"。

失之东隅，收之桑榆

老刘在一个研究所工作。十几年来，他为人正直，工作勤奋，逐渐成为该所的技术骨干，凡事总缺不了他。可是很多年过去了，他一直也没有如愿评上工程师职称。开始所里卡毕业年限，等年限够了，职称评定又冻结，解冻后，又因名额有限没有赶上这班车。这使他的性格改变了。原来他对个人的事从不计较，现在逢人便谈职称问题，表示如何的不平。他的脾气也不是和和气气的了，因为一件小事可能就会粗着脖子大声嚷嚷。别人不与他谈职称，他认为人家有意不理他，有人说上几句同情话，他心里又难受。在单位有压力，回到家里不愉快，状态很不好。

他的同事老黄是与老刘一起分到研究所的，基本情况差不多，也是几次没评上工程师。老黄虽然也发几句牢骚，但情绪却比老刘乐观洒脱得多。他说：一开始我也很苦恼，可是时间一长不但解决不了问题，还几乎毁了我的生活，家里家外搞得好紧张。我从来没有不相信自己，这次也立志要发奋。几年来，我自费学习了英语，最近又在学商业知识。我想条件成熟后去搞民办科技实体。最近我还在撰写一部丛书，这使我有更多的话题去交更多的朋友。这时再看，那些先评上工程师的人，有的却已泄了劲，没有了压力，生活得并不比我更愉快。

这两个人遇到了同样一件事，却一个苦恼，一个快乐。这除了他们彼此有不同的性格、志趣等因素之外，还与他们对待所遇障碍的态度有关。老刘只有一个寄托——评职称，而且是始终不可变更的。这就将他限制在一个很小的范围，干钧系于一发，整日为此担心发愁，错过了其他许多可能的机会。其实能否评上职称外界起着决定性的作用，个人是无能为力的。他这样做，等于是把自己喜怒哀乐的决定权交给了别人。而老黄却有许多寄托——评职称、学习、办实体以及与朋友相会。职称评不上，他还可以有其他的东西作为代偿。别人决定的事听凭自然，而他去做自己可做决定的事，去寻找自己的快乐，并向未来投资，使自己将来的发展道路更宽。这条不通，走另一条，将注意力和精神追求进行转移，反而因祸得福。这就是心理代偿的巨大作用。

当人遇到难以逾越的障碍时，有时会放弃最初的目标，通过达到实现类似目标的办法，谋求自我要求的满足，这种做法叫做代偿行为。

比如，本来想去打网球，可是下雨了，不能打了，就可以选择室内的乒乓球；本来想进 A 公司没能进去，就转而争取进入条件相当的 B 公司；和 A 的恋爱没有成功，于是把和 A 有相似特征的 B 当成了新的追求目标，等等。在以上例子中，我们说 B 对于 A 具有代偿价值。

心理的代偿往往是对现实中不足的弥补，可以起到转移痛苦，使心理平衡的作用。

代偿行为有一个特征是：假如 B 与 A 相比非常容易达到，或是价值不如 A，就不容易对 A 形成代偿。只有当 B 与 A 很相似，得到 B 的困难度与 A 相似甚至更大，B 才具有较大的代偿价值。

当然，代偿行为并不是在任何情况下都会产生的。对于最初的目标，渴望如果非常热烈、迫切，就很难找到能够代偿的东西。所谓"曾经沧海难为水，除却巫山不是云",那恐怕谁也没有办法了。

而且,在代偿行为中还有一种很特殊的情况,那就是把自己的欲求转移到能获得社会高度评价的对象物中去。这种情况在心理学上叫"升华"。这个名词是弗洛伊德发明的,按照弗洛伊德的观点,所有的高层次活动都是"性欲"升华的结果。

某高校里有一位老教授,年轻的时候曾经热恋一位非常优秀的知识女性。但遗憾的是,阴错阳差,那位女士却成了别人的新娘。这对他的打击很大,觉得再也找不到赶得上那位女士的人,就一生未婚。他把所有的精力和热情都投入到工作中,成了一代学界泰斗。这就是"升华"的巨大作用。

生活中也常见升华的例子,比如:有些人为了发泄攻击欲,练习拳击,结果成了拳击运动员。还有些人特别执著于艺术品的制作,孜孜不倦,最后成为艺术家。

强刺激可以让人走出心理误区

佛教中有一个宗派叫"禅宗"，它形成于唐代。禅宗对佛教有一个独特的认识，就是认为佛法不可思议，不能够用语言描述清楚。甚至一开口就会错，一用心也会错，总之是只可意会，不可言传，只能用感觉去体悟的。

为了打破学佛者的执迷，禅宗有一个特殊的促使学生开悟的方法，叫做"当头棒喝"，简单说，就是在合适的时机，对执迷不悟的弟子，用呼喝和棒打的方法，以这种强烈的刺激，促使他突然开悟。

它的来历是这样的。有一个弟子上堂，问师父："什么是佛法大意？"师父就拿棍子打他，并向弟子大喝一声。弟子问三次，师父打了他三次。其实师父这样做，是没有什么敌意的，而是想让弟子明白，这个问题是不能用语言来回答的，如果要师父用语言回答，是很荒谬的。

之所以用这样的方法，是有其心理学的依据的。心理学上有这样的规律：在必要情况下，强烈的刺激可以促使个体突然之间打破僵局，走出心理的误区。借用"当头棒喝"的典故，这个定律就叫"当头棒喝定律"。

在我们当今的教育中，"当头棒喝"也是一个在某些情况下不可替代、非常有效的方法。这里的"棒喝"可以理解为纪律处分、严肃批评，是对沉溺于错误的学生的一种突然性的处罚、惩戒。

心理学的秘密
XIN LI XUE DE MI MI

正是要以其突然性，给学生以震惊的感觉，才有可能促使其突然醒悟，并留下深刻的印象，改正自己的错误。

教育学家告诉我们，没有表扬的教育是失败的教育，没有"棒""喝"的教育同样不会成功。如对一个上课总在偷玩玩具的学生，老师反复示以眼色，他仍玩玩具。于是老师点名让他把玩具放到讲台上，当即让他写出刚讲的一个公式。这个举动极大地震惊了学生，可能使他终生难忘，使他今后不再敢上课时搞小动作。

但是"强刺激"一定要注意适时、适人、适地。正确运用惩罚手段应当注意的问题有：惩罚的目的是教育，必须让学生认识到问题所在，同时体验到老师的爱心、善意和尊重。而且惩罚应当合情合理、公平、准确。要避免那种主观、武断和随意的惩罚。

在心理治疗中，"当头棒喝定律"有时也有其独特作用。

王强是高二学生，他患了强迫症。洗一件衣服要一小时，还喜欢反复关门……

这一天，父母把心理医生请到家里。晚上七点，大家坐在一起看电视，王强又借口衣服脏了得赶紧洗，认真地洗起自己的上衣来。他连搓带冲洗，翻过来，倒过去，折腾起来没完没了。

心理医生看到了，突然在茶几上用力一拍，大声说道："王强，够了！"王强大吃一惊，惊恐地停下来，看着心理医生。心理医生夺过他的上衣，高声对其父母说："你们看，这件上衣我是看他前天才穿在身上的，根本不脏。"并迅速地把衣服清洗拧干抖开递给王强，"看看，跟你花二十分钟洗的效果一样。"

把衣服挂出去以后，心理医生转身对其父母悄悄说："以后你们一发现王强有这种症状，就这样提醒他，多做几次，慢慢便会有效果。"果然，六个月后，王强的症状就奇迹般地消失了。

冲动是魔鬼

情感冲动往往会使理智失去作用，使人做出事后懊悔的事来。

冲动在心理学上是指一种爆发强烈而暂短的情感状态。冲动往往使人对自己的行为缺乏控制力，往往容易说出错话、办出错事，产生不良后果。只有控制冲动，保持理智的头脑，避免感情用事，才能避免做出后悔的事来。

古时候越西地方有个男子，独自一个人过活。他用芦苇和茅草盖起了小屋住在里面，又开垦了一小块荒地，用自己的双手种了些庄稼，打下粮食来养活自己。时间久了以后，豆子、稻谷、盐和奶酪等东西都可以自给自足了，不用依赖任何人。他每天下地耕作，闲的时候就出去走走，过得倒也逍遥自在。

可是有一件事却让他发愁，那就是老鼠成灾。也不知道是从哪里来的一群老鼠，没多久便成倍成倍地增长。白天，它们成群结队地在屋里跑来跑去，在房梁间上窜下跳地吱吱乱叫，打坏了不少东西。到了夜里，老鼠闹腾得更欢了。它们钻进食橱、跳上桌子、跑进箱子里，见东西就咬，咬破了好些衣服和器具，偷吃了东西不算，还把吃不完的拖回洞里去慢慢享用。这"咔嚓咔嚓"地一闹常常就是一整夜，吵得这个男子觉也睡不好，而且白天下地都没有精神。他想了好多办法来治鼠，用药啦，下夹子啦，都试遍了，可就是没有一个特别有效的法子。这位男子对老鼠越来越烦，火气越来越大，苦恼极了。

心理学的秘密

XIN LI XUE DE MI MI

有一天，这个男子喝醉了酒，困得要命。他跟跟跄跄地回家来，打算好好睡上一觉。可是他的头刚刚挨上枕头，就听见老鼠"吱吱"的叫声。他实在困了，不想和老鼠计较，就用被子包上头，翻个身继续睡。可老鼠却不肯罢休，竟钻进被子里张嘴啃起来。这男子用力拍了几下被子，想把老鼠赶跑再睡。果然安静了一会儿，可他忽然闻到一股叫人恶心的腥臊味，一摸枕边，竟然是一堆鼠尿！这时他再也忍受不下去了，一股怒气直冲头顶。借着酒劲，他翻身下床，取了火把四处烧老鼠。房子原本是茅草盖的，一不小心就点着了，火势迅速蔓延开来。老鼠被烧得四处奔跑，火越烧越大，老鼠终于全给烧死了，可是屋子也同时被烧毁了。

第二天，这男子酒醒后，发现什么都没有了。他茫茫然无家可归，后悔也来不及了。

老鼠对这个男人的打扰，煽动起他消灭老鼠的"冲动"，鲁莽行事，结果导致"一失足成千古恨"，把房子和老鼠一起烧没了。可见一时的情绪冲动可能给人造成多么可怕的后果。

好冲动的人的特点是，容易受主观因素的支配，以情绪衡量事物，不能真正深入到事物的本质中去，因而不能得出正确的思想和理论，思维有片面性。冲动常常使人不能自制，丧失理智，尤其是一些青年人，更容易犯冲动的毛病。他们常常遇到一些小事就会被感动，或者是振奋、激动，显得非常热情，或者是动怒、怄气，甚至跟人争吵。

对冲动的克制和理智行事，来自于一个人的见识。才识高、见解深的人，一般比较善于思考。只有深入生活，不断地学习和思考，对事物才能产生深刻的见解，才能避免主观主义和片面性。

反对感情用事，并不是不要感情。人非草木，孰能无情。古今中外许多不朽著作，都是在实践的基础上以情而作、以情取胜的。莎士比亚有一句名言：人的不幸福，往往是因为在该用理智的时候用了情感，而该用情感的时候却用了理智。

金钱会破坏人们做事的兴趣

这个世界上最不好找的人恐怕就是不爱钱的人了吧。人们的普遍愿望是，既能做自己喜欢的事，同时也得到较高的经济收入。如果将两者结合在一起，不是最好的情况吗？

但是心理学家发现，事情并不是那么简单。因为人有一个奇怪的特性，就是如果能够做自己喜欢的事，你要是对他做这个事再予以物质上的奖励，会使他逐渐对这个原本喜欢的事失去兴趣。真的是这样吗？

心理学家德西在 1971 年做了一个专门的实验，证明了这个定律。

他让大学生做被试者，在实验室里解答有趣的智力难题，实验分成三个阶段：第一阶段，所有的被试者都没有奖励；第二阶段，将被试者分为两组，实验组的被试者完成一个难题可得到 1 美元的报酬，而控制组的被试者跟第一阶段相同，没有报酬；第三阶段为休息时间，被试者可以在原地自由活动，这时去了解他们是否愿意继续去解题，来作为他们喜爱这项活动的程度指标。

实验组（奖励组）被试者在第二阶段确实十分努力，而在第三阶段继续解题的人数却很少了。这表明兴趣与努力的程度在减弱，而控制组（无奖励组）被试者有更多人花更多的休息时间在继续解题，表明兴趣与努力的程度在增强。

德西在实验中发现：在某些情况下，人们在外在报酬和内在报酬兼得的时候，不但不会增强工作动机，反而会减低工作动机。也就是说，进行一项愉快的活动时，人们得到的报酬是他的内部感受；而提供外部的物质奖励，反而会减少这项活动对参与者的吸引力。

这是为什么呢？难道人们不是喜欢既做爱做的，同时又得到钱吗？

有一位画家，在成名前醉心于自己的艺术创作，觉得创作是他最快乐的事。有一天他突然一举成名天下知，他的画一幅能卖几十万，他立刻成了大富翁。可是从那以后，不知怎么，他在创作的时候，总是潜意识里考虑一下：这样画能被观画者接受和认可吗？这样画符合他原来的风格吗？因为只有符合他出名时那个风格，他才容易被人们认可。如果他创新出新的风格，则没有把握被人们接受。因为人们心中已经把他定型了。可是作为艺术家，到了一定阶段就需要创新啊。但他却不敢，担心创新以后，他的画不被认可，挣不到原来那么多钱。结果为了钱，他的创作不像过去那样无所顾忌，痛快地表达自己的艺术感受，而是变得瞻前顾后，患得患失。这样，画画就变得不像开始时那样给他带来那么大的乐趣了。

古人说，文章憎命达。是不是在得到巨大物质利益以后，人就会变得无法摆脱物质的牵制，因为要考虑到商业和利益因素，而使创作活动失去了以往追求艺术价值的纯粹性呢？

不光是艺术活动，其他喜欢的活动往往因为得到物质奖赏而降低兴趣，是同样的道理。也就是说，物质利益的诱惑使人分了心，去关注它，结果做事情就不能像原来那么专心，单单为满足好奇心和探索的欲望而做了，乐趣当然就降低了，甚至还可能讨厌起这件事来。

在生活中，这个定律的确有所体现。

　　有人试图用这个办法克服孩子的"游戏机成瘾"。就是给孩子玩游戏机计时，时间越长，奖励越多：不到 3 小时，惩罚；超过 5 小时，就给小奖；超过 8 小时就给大奖。孩子为了得奖，拼命地玩，最后累得疲惫不堪，厌倦透了，再也不想玩了。

　　或者说，当你做一件事是为了钱，或者要顾及到钱，就不会那么自由了，就必须要取悦于人，当然没有纯粹创作时只取悦于自己那么舒服了。

　　有一位私人企业老总向人抱怨，自己的高级人才大量走失："我已经连续给他们涨了很多次工资了，怎么看不到一点成效呢？"其实他不知道，他的下属觉得他公司里的管理制度让他们觉得不舒服，工作起来不快乐。在职场中，有很多人宁可要低一点的工资，也要到让自己感到快乐的地方去工作。因为"金钱并不是万能的"。

　　父母也应该了解这个定律，注意不要拿钱来奖励孩子取得的好的学习成绩，而要尽量培养孩子对学习本身的兴趣。

人的情绪可以相互感染

"四面楚歌"这个成语大概许多人都知道，是形容四面受敌，绝望无援的景况。

秦朝末年，楚汉相争，在垓下，刘邦和项羽展开了决战。刘邦军队把项羽的军队包围了。为了减弱项羽军队的抵抗力，谋臣张良在彭城山上用箫吹起悲哀的楚国歌曲，让汉军士兵中的楚国降兵随他一齐唱。这些歌曲传到楚军营中，使楚军不由得产生了缠绵的思乡之情。思乡之情蔓延开来，使大家的斗志大为松懈。思念家乡，人们就会厌战，谁都渴望赶快回到家乡，和亲人团聚，而不愿意在这场几乎败局已定的战争中白白牺牲自己的生命。

谁都知道，战争中，士气是极为重要的。这首歌曲中浓浓的乡情，使楚军的战斗力大减。结果许多项羽营中的士兵在这首歌曲的感染下，有的逃跑，有的斗志松懈，心理上宁可投降，保全自己的性命。在这种士气下，项羽军队在战斗中败给了刘邦的军队，项羽兵败自杀，刘邦得了天下。

张良的这一成功的计谋，实际上利用了人类的"情绪共鸣"这一心理学原理。现代心理学指出，在外界作用的刺激下，一个人的情绪和情感的内部状态和外部表现，能影响和感染别人。在一种情绪的影响和感染下，产生相同或相似的情感反应，叫做情绪共鸣。

心理学的秘密
XIN LI XUE DE MI MI

我们阅读文学作品，或者欣赏艺术作品，都有过这样的审美经验：你阅读一部文学作品，到动情的时候，或者怦然心动，或者潸然泪下。当你欣赏一幅艺术名画，比如说，描绘大自然的背景的油画，这个时候你可能瞬间的感到天物我合一，感到你与大自然的一种契合。这正是情绪共鸣的作用。

艺术作品的感染力，大多具有情绪共鸣的成分。欣赏者由于对作品的理解，产生相似相同的情绪情感体验，才能理解作者的思想情感，与作者同声相应，同气相求，爱其所爱，憎其所憎。这样，艺术作品才能实现它的价值。

既然人的情绪可以被某一种情绪所感染，所同化，心理学家就想到，可以用情绪共鸣来治疗某些心理疾病。我们在生活中有时有好的情绪，有时则被坏的情绪所支配。当我们心理不健康时，心理学家们想出利用良好的情绪来感染我们的情绪，使我们的情绪恢复到良好的状态。

比如"音乐疗法"就是这样，它利用音乐中所包含的情感，来治疗心理疾病。我们知道，艺术作品里总是包含着一定的情感，富有感染人的力量，尤其以音乐最为感性，情感最为直接。音乐作品里表达的情绪，有的欢快，有的悲伤，有的轻松，有的沉重。一般的，心理疾病患者要么忧郁，要么躁狂。心理学家会根据患者的不同症状，来对他使用恰当的音乐来影响他的情绪。

一般的，对于患者，首先要了解对于他来说，最得意、最欢快时常听的音乐是什么。然后反复播放，以唤起他们的美好回忆，带给他们轻松和愉快。比如，对抑郁症患者可以播放贝多芬的《命运》和《美丽的多瑙河》《百鸟朝凤》等有欢快和振奋作用的音乐；而对于有躁狂症的人则宜播放《良宵》、《病中吟》、《梁祝小提琴协奏曲》等舒缓、使人宁静的音乐。

相反，不良的情绪感染，引起我们的情绪共鸣却是对我们有害的。50 多年前，法国作曲家鲁兰斯·查理斯创作了一首管弦乐曲《黑色的星期天》，当时在一家比利时的酒店里播放时，一名匈牙利青年歇斯底里地大喊一声："我实在受不了啦！"就开枪自杀了。

后来又有100多人相继因为听到这首曲子而自杀。后来，美、英、法、西班牙等诸多国家的电台便召开了一次特别会议，号召欧美各国联合抵制《黑色的星期天》。它被销毁了，作者也因为内疚而在临终前忏悔道："没想到，这首乐曲给人类带来了如此多的灾难，让上帝在另一个世界来惩罚我的灵魂吧！"

好心情让人们更愿意帮助他人

俗话说，人逢喜事精神爽。而很多人不知道的是，在精神爽的情况下，人们会有一个变化，就是变得更加乐于助人。

我们知道，有些人的心情会随着天气好坏而变化。心理学家通过实验发现，天气越好，人的心情就越好，同时也变得更加容易帮助别人。而且，在晴天里，人们到餐厅里用餐时，给的小费比阴天或下雨天给得多。

当然影响人的心情的因素有许多。有时就是很小的一件事也可能左右人的情绪。

比如，晴朗的星期天，外出去买东西，然后又在街上找了一个电话亭给朋友打电话。很不巧，电话虽然通了但就是没人接，无奈何只好放下话筒，伸手取回自己的硬币。就在拿钱的一瞬间，突然发现前面打电话的人的钱没有拿走，于是你就会想"没想到还赚了一次电话费"。随后几分钟里，心里总有一种乐滋滋的感觉。

那么这种情况下的人是否变得更加乐于助人呢？心理学家对此做了个实验。他们故意在公用电话里放置了一枚硬币，假装是前一个人忘掉的。这时被试者就像前面说的那样，忽然发现了这个硬币，感到非常高兴。

这时，试验者抱着一堆书籍之类的东西从他跟前走过，故意让书突然掉到地上。而刚从电话亭里出来的这个心情好的被试者，大多会帮助他捡起地上的书。而对于没有捡到额外钱币的人，帮助陌生人捡书的概率则小得多。

这很明显地证明了，心情好的确使人更容易帮助别人。

其实我们每个人大概都有过类似的体会。当你遇见一件好事，顿时觉得生活特别美好，觉得自己非常幸运。这种情况下，为什么不能帮助帮助那些不如你那么幸运的人呢，为什么不能让世界有更多的美好呢？似乎好心情有一种惯性。

有很多人懂得这个心理规律，总是在别人遇到喜事临门、有意外收获的时候，让别人请客，或帮忙做一些事。这个人比平时同意的可能性更大。

比如，一位男士中了几十万的大奖，兴高采烈。此时，朋友们让他请客，他会很豪爽地请大家到高档酒楼吃一顿海鲜。而要是在平时，朋友让他在小吃摊上请客，他也要算计算计。

一位厅长换届时连任，他肯定高兴。你拿着过去很长时间里他都没来得及批的申请报告找他，请他在上面签字，他多半会爽快答应。这也是好心情定律使然。

因此，要记住，在别人心情好的时候，请求帮助，很可能会让你如愿以偿。这个定律反过来就是，对方心情不好时，本来挺简单的事，他可能也不肯帮你的忙。所以人们爱说："出门看天色，进门看脸色。"就是教人们看别人的脸色再对人采取合适的策略。

物极必反是一个自然规律

想要禁止别人做什么，可以让他做到腻烦而自动放弃。

著名作家马克·吐温有一次在教堂听牧师演讲。一开始，他觉得牧师讲得很好，他很感动，就准备听完以后捐款，并掏出自己所有的钱。

过了十分钟，牧师还没有讲完，马克·吐温有点不耐烦了，就决定只捐一些零钱。

又过了十分钟，牧师还没有讲完，马克·吐温很不满意，马上决定一分钱也不捐。

等到牧师终于结束了长篇的演讲开始募捐时，马克·吐温由于气愤，不仅没捐钱，还从盘子里偷了两元钱拿走了。

马克·吐温的做法看起来像个小人的行为，其实只是想表达对牧师讲道啰哩啰唆、耽误他的时间的愤慨。

我们都知道"物极必反"这个成语，是说任何事物的特点要适度才好，如果过了头，达到极限，就要起相反的作用了。

心理学是这样解释这个规律的：刺激过多、过强或作用时间过久，会引起心理极不耐烦或逆反的心理现象。

美国成功学家安东尼·罗宾的经历就证明了这个定律的奇特效果。他是个滴酒不沾的人，甚至一提到喝酒他就感到恶心。但熟悉他的人都知道，他的这一习惯是因为有过一次极限体验而形成的。

小时候，他经常看到父亲喝酒，还觉得父亲喝酒的样子很潇洒。于是他很想亲自体验一下喝酒的快乐。一天，他请求母亲给他来一瓶啤酒。母亲问他为什么，他说见父亲喝酒的样子很潇洒。母亲说："那好，你得像父亲那样一次喝足六瓶。"罗宾高兴地说没问题。

于是母亲就在他前面摆了六瓶啤酒，一一打开。罗宾喝下第一口时，感到难喝极了，但他还是硬着头皮喝完了这瓶。他说："妈妈，我喝够了！"但母亲并没有饶他，逼着他继续喝，当喝到第四瓶时，他感到胃很难受，把所有的东西都吐了出来，以后的事他就不知道了。

至此以后，他一听到喝酒两字就恶心。

其实罗宾的母亲很懂得心理学。她看出儿子对喝酒产生了好奇，但她不希望儿子学会喝酒。根据年轻人的逆反心理，你越叫他不干什么，他越干得起劲，她反其道而用之，干脆让他喝个够，从而让他留下一个刻骨铭心的印象，就是"酒太难喝了"。以后你要他喝他都不会喝了。

这跟我们平时吃一样东西吃伤了，很长时间都无法再吃，是一个道理。

聪明的教师也懂得利用这个定律来纠正学生的毛病。

张老师班上有一位学生上课时特别爱和周围同学闲聊，张老师曾多次对他进行批评教育，但效果不理想。

有一天上晚自习，张老师又发现他和同桌聊得兴头十足。张老师就对全班同学说："大家经过一天的紧张学习，已经很累了，同学们愿不愿意听一段精彩的演讲？"同学们高声叫好。

心理学的秘密
XIN LI XUE DE MI MI

张老师接着说："最近我发现咱们班有一位同学才思敏捷，雄辩滔滔，演讲天赋很高，而且他还十分勤奋好学，善于抓住一切时间磨练自己的口才。下面咱们以热烈的掌声欢迎他站起来，给大家来一段精彩的演讲好不好?"

同学们掌声如雷。这个学生站起来，红着脸，低着头一言不发。他越是不说话，同学们的掌声就越热烈，他也就更感到无地自容。

张老师说："一个男子汉，顶天立地，怎么像个小姑娘羞羞答答的，好钢要用在刀刃上啊!"那个同学突然醒悟了自己的错误，说道："今天，我当着老师和同学们的面保证：从今往后，我再也不在上课时说闲话了，决不再影响同学们的学习，不扰乱课堂秩序，请老师和同学们监督我吧。"

从那以后，这个学生果然改掉了上课爱说话的习惯。

坏情绪总是会转移的

张总经理对公司的状况不大满意。在一次办公会议上，他作了激励的讲话，保证自己将以身作则，每天做到早到迟退，力图率领大家扭转公司的颓势。谁知几天后的一个早晨，张先生看报太入迷了，出发的时候，离上班时间只剩几分钟了。他匆匆忙忙地开车，闯了两个红灯，被警察扣了驾驶执照。

张先生感到气急败坏，他抱怨说："今天活该有事，我向来遵纪守法，该死的警察不去抓小偷，却来找我的麻烦，真是可恨！"

回到办公室，正好碰到销售经理来向他汇报工作。他不带好气地问销售经理上周那笔生意敲定没有？销售经理告诉他还没有。

张先生吼道："我已经付给你七年薪水了。现在我们终于有一次机会做笔大生意，你却把它弄吹了！如果你不把这笔生意争回来，我就解雇你！"

销售经理一肚子的不满，心想："我为公司卖了七年力，公司少了我就会停顿，张经理不过是个傀儡。现在，就因为我丢掉了一笔生意，他就恐吓要解雇我，太过分了！"

他回到自己的办公室，问秘书："今天早上我给你的那五封信打好了没有？"她回答说："没有。我……"销售经理冒起火来，指责说："不要找任何借口，我要你赶快打好这些信件。如果办不到，我就交给别人。虽然你在这干了三年，不表示你会一直被雇佣！"

秘书心里想："有病啊！三年来，我一直很努力工作，经常地超时加班，现在就因为我无法同时做两件事，就恐吓要辞退我。欺负人呢吗?!"

她下班回到家，看到八岁的孩子正躺着看电视，短裤上破了一个大洞，她就叫起来："我告诉你多少次，放学回家后不要去瞎闹，你就是不听。现在你给我回到房里去，今晚不许看电视了！"

八岁的儿子走出客厅时想："妈妈连解释的机会都不给我，就冲我发火，真不讲理。"这时，他的猫走到跟前，小孩一生气，狠狠地踢了猫一脚："给我滚出去！你这臭猫！"

看，张先生的消极情绪通过漫长的链条，最后传导到了秘书小姐家的猫身上。

其实这样的情绪转移现象在生活中并不少见。一个人的不良情绪一旦无法正当发泄和排解，会怎么样呢？这时此人往往会找一个出气筒，把情绪转移到别人的身上。

人的心境是很容易扩散和蔓延到周围的人和事上的，有时甚至是无意识的，自己也很难控制。

但是无论如何，拿别人撒气是不对的，对别人是不公平的。我们肯定不希望别人把我们当出气筒，那么己所不欲，勿施于人，我们也该克制自己的情绪，不要向别人乱撒气才好。

那么遇到不良情绪该怎么办呢？没有别的办法，只能自己想办法消化。我们应该学会调整情绪的方法，及时扭转不良情绪，避免它的蔓延。让我们再看看下面这个例子：

有一天，姜先生来到一家珠宝店，走近柜台，把手提包放在柜台上，开始挑选项链。这时，一位男士推门走进珠宝店，也过来选珠宝。姜先生礼貌地把包移开，但这人却愤怒地瞪了他一眼，意思是，他是个正人君子，无意碰姜先生的手提包。这人感到受到了侮辱，就摔门而去，临走还说："哼！神经病！"

莫名其妙地被人骂一句，姜先生很生气，也没心思买珠宝了，就离开商店，开车回家。

马路上碰巧堵车，姜先生非常烦躁：哪来这么多的破车；这些臭司机简直不会开车；那家伙开得那么快，不要命啦；这家伙水平太臭了，怎么学的车？……

在一个交叉路口，他遇上一辆大型卡车，那辆卡车先慢了下来，司机伸出头向他示意，让他先过，脸上带着友好的微笑。不知怎么，姜先生的一肚子不快，一下子烟消云散了。

但愿我们每个人都像这个卡车司机那样，用自己的好心情给别人带来愉快，而不要让不良的情绪无限蔓延下去。

而且我们要懂得原谅别人。当别人对我们不友好时，不一定是真的对我们有什么恶意，也许是他遇上了什么不顺心的事，一时转不过来弯，不知不觉就把气撒到了我们身上。对这样的人，我们也不必过于计较，要尽量宽容为怀。

吃不到的葡萄是酸的

葡萄架上，绿叶成荫，挂着一串串沉甸甸的葡萄，紫的像玛瑙，绿的像翡翠，上面还有一层薄薄的粉霜呢！望着这熟透了的葡萄，谁不想摘一串尝尝呢？

从早上到现在，狐狸一点儿东西还没吃呢，肚皮早饿得瘪瘪的了。它走到葡萄架下，看到这诱人的熟葡萄，口水都出来啦！可葡萄太高了，够不着，怎么办？对！跳起来不就行了吗？

狐狸向后退了几步，憋足了劲儿，猛然跳起来。可惜，只差半尺就够着了。

再来一次！唉，越来越不行，差得更多，起码有一尺！

还跳第三次？狐狸实在饿得没劲儿，跳不动了！

一阵风吹来，葡萄的绿叶"沙沙"作响，飘下来一片枯叶。

狐狸想：要是掉下一串葡萄来就好了！它仰着脖子，等了一阵，毫无希望，那几串葡萄挂在架上，看起来牢固得很呢！

"唉——"狐狸叹了口气。忽然，它笑了起来，安慰自己说："那葡萄是生的，又酸又涩，吃到嘴里难受死了，不呕吐才怪呢！哼，这种酸葡萄，送给我，我也不吃！"

于是，狐狸饿着肚皮，高高兴兴地走了。

看过《伊索寓言》的人，一定会记得这个狐狸与葡萄的故事。这则寓言在世界上广为流传，可以说家喻户晓。在西方，这个故事甚至被引入了词典，短语sourgrapes（酸葡萄心理）就是来自于此，是指得不到的就说不好。而心理学中也借用了这个术语，用来解释人类心理防卫的一种机制——合理化的自我安慰。

其实，在日常生活中，我们也时常会处于那只狐狸的境遇。比如，一个公司职员很想得到更高的职位，却总也得不到提升，为了保持内心平衡他会自我安慰：职位越高，责任越重，还不如现在工作轻松，乐得逍遥自在。

与"酸葡萄"心态相对应，还有一种心态被称为"甜柠檬"心态，它指的是人们对得到的东西，尽管不喜欢或不满意，也坚持认为是好的。比如，你买了一套衣服，回来后觉得价钱太贵，颜色也不如意。但你和别人说起时，你可能会强调这是今年最流行的款式，即使价格贵点也值得。

"酸葡萄"和"甜柠檬"是两种普遍存在的心态。除了用心理防卫机制加以解释之外，现在还有一种新的心理学理论也可以很好地说明这个现象。那就是美国心理学家莱昂·费斯汀格于1959年所提出的认知失调论。

费斯汀格把一个人关于他自己、他的行为及其周围环境的知识称作认知要素。认知要素多种多样，它们有些互不相干，有些却是相互关联。在那些相互关联的认知要素之间，又存在两种情况，或者彼此一致，或者相互不协调。而人们总是希望自己的心理处于平衡与和谐状态，因此客观上存在一种在认知之中寻求一致的趋势。当A与B两个认知要素互相冲突，即认知体系内出现了失调时，我们内心就会不适，想要尽快消除失调导致的压迫感；认知要素间失调的程度越大，想要消除失调的动力也愈强。要改变这种失调，不外乎通过三种途径来完成：降低两种认知要素之一的重要性；改变其中一个认知要素；或者引入一个新的协调的认知要素。

另外，我们对一件事投入的心力越大，历经的磨难越多，对成果也会越珍惜，这也是符合认知失调理论的。比如，在我们加入某个组织时，如果入会的手续严格，受到的阻碍大，那么我们就更喜欢这个组织，对组织的评价以及忠贞度也更高。该现象业已得到了实验室研究的证实。

当然，并非所有的态度都随行为的改变而改变。当人们感受到某些实际的或臆想的外部压力时，他们的态度往往和公开表现出来的行为不一致，也不具备承担责任并调整自己内在观点的动力。研究表明，外界压力或奖赏最小时，态度转变的趋向最明显。所以说，大量的物质奖励并不一定能促进效率提高，简单的诱导有时更有效。

心理学上有一个实验，本来是为了研究"每个人对事情的兴趣，是否影响到了工作效率"，但是间接证明了"酸葡萄甜柠檬定律"的存在。

心理学家招募了一批大学生来做一些枯燥乏味的工作。其中一件事是把一大把汤匙装进一个盘子，再一把把地拿出来，然后再放进去，来来回回半个小时。还有一件是转动计分板上的 48 个木钉，每根顺时针转四分之一圈，再转回，也是反反复复耗费了半个小时。

工作完成后，再分别给予他们 1 美元或 20 美元的奖励，并要求他们告诉下一个来做实验的人这个工作十分有趣。

奇怪的是，结果发现与一般的预期相反，得到 1 美元奖励的人反而认为工作比较有趣。

这似乎证明了，人们对已经发生的不好的事情，倾向于通过自我安慰，自我欺骗，把它的不愉快减轻。

这不由得让我们想起鲁迅先生笔下的阿Q。我们都知道阿Q有一种独特的精神胜利法，被称为"阿Q精神"。比如阿Q挨了假洋鬼子的揍，无奈之余，就说"儿子打老子，不必计较"，来自我安慰一番，也就心平气和了。

过去，这种明显的自欺欺人心理，往往成为人们的笑谈，遭到否定、批判。但是，今天的心理学家认为，适度的精神胜利法在保持心理健康方面是非常有价值的。

在生活中，我们每个人都会遇到这样或那样不愉快的事，有很多事情是我们无法左右、无法更改的。

那该怎么办呢？难道就要为此一味地愁苦、懊恼么？那显然不利于身心的健康，也不利于事情的解决。这时候，使用一下阿Q精神，安慰一下自己，对于心理调节可能非常有效。实际上心理健康的人，多少需要有点阿Q的精神。

对于相同一件事，如果我们从不同的角度去看，结论就会不尽相同，心情也会不一样。现实生活中，几乎所有事情都存在积极性和消极性的方面，当你遇到不顺心的事情时，如果只看到消极的一面，心情就会低落、郁闷；这时，如果换个角度，从积极的一面去看，说不定能转变你的心情。

比如当你感冒时，与其为一时的痛苦而烦恼，不如想一想，感冒可以使人的自身免疫力提高；当你遇到挫折时，应该看到失败是成功的前奏，"塞翁失马，焉知非福？"从失败中吸取教训也是一种收获；当遇到倒霉事时，你可以想一想那些比自己更不幸的人；……

有一次，美国前总统罗斯福家中被盗，他的朋友写信来安慰他。他在回信中说："谢谢你来信安慰我，我现在很平安。感谢上帝，因为贼偷去的是我的东西，而没有伤害我的生命；贼只偷去我部分东西，而不是全部；最值得庆幸的是：做贼的是他，而不是我。"

瞧，凡事换一个角度去看，事情就显得不一样了。

当然，如果事情还有改变的余地，我们就不倡导进行自我安慰，而是要面对现实，主动去改变现状。

第四章

社交之道要遵循内心的选择

学会坦率地表白自己

生活中有一些人是相当封闭的。当对方向他们说出心事时，他们却总是对自己的事情闭口不谈。但这种人不一定都是内向的人，有的人话虽然不少，但是从不触及自己的私生活，不谈自己内心的感受。

总体来说，一个人对他人的开放性体现在两个方面：一是由初次见面时待人接物的习惯所决定的，这称为社交性。社交能力强的人善于闲谈，但谈话中未必会涉及根本问题；第二个方面是由一个人是否愿意将自己的本意、内心展现给他人所决定的，这称为自我展示性。

这两种类型的开放性通常是完全独立的。有些人社交能力很强，他们可以饶有兴趣地与你谈论国际时事、体育新闻、家长里短，可是从来不会表明自己的态度。而你一旦将话题引入略带私密性的问题时，他就会插科打诨，或是一言以蔽之。可见，一个健谈的人，也可能对自身的敏感问题，有相当强的抵触心理。相反，有一些人虽不擅言辞，却总希望能向对方袒露心声，反而很快能和别人拉近距离。

人之相识，贵在相知；人之相知，贵在知心。要想与别人成为知心朋友，就必须表露自己的真实感情和真实想法，向别人讲心里话，坦率地表白自己，陈述自己，推销自己。这就是自我暴露。

当自己处于明处，对方处于暗处，一定不会感到舒服。自己表露情感，对方却讳莫如深，不和你交心，你一定不会对他产生亲切感和信赖感。当一个人向你表白内心深处的感受，你可以感到对方：首先信任你，其次想和你达到情感的沟通。这就会一下子拉近你们的距离。

在生活中，我们会发现有的人虽然外面不擅长社交，但是知心朋友比较多。这是为什么呢？如果你仔细观察，会发现这样的人一般都有一个特点，就是为人真诚，渴望情感沟通。他们说的话也许不多，但都是真诚的。他们有困难的时候，不知怎么总能有人来帮助他（她），而且很慷慨。

而有的人，虽然很擅长社交，甚至在交际场中如鱼得水，但是他们却少有知心朋友。因为他们习惯于说场面话，做表面功夫，交的朋友又多又快，感情却都不是很深。因为他们虽然说很多话，但是却很少暴露自己的感情。其实人人都不傻，都能直觉地感到对方对自己是出于需要，还是出于情感而来往。

每个人内心深处都有对情感的需要，就好像对食物的需要，是与生俱来的。情感纽带下结成的关系，要比暂时的利益关系更加牢固。

实际上，人和人情感上多少总会有相通之处。如果你愿意向对方适度袒露，总会发现相互的共同之处，总能和对方建立某种感情的联系。向可以信任的人吐露秘密，有时会一下子赢得对方的心，赢得一生的友谊。

心理学家认为，一个人应该至少让一个重要的他人知道和了解真实的自我。这样的人在心理上是健康的，也是实现自我价值所必需的。

当然，"自我暴露"不足不好，但过度也是不好的。总是向别人喋喋不休地谈论自己的人，会被他人看作是适应不良的自我中心主义者。心理学家认为，理想的自我暴露是对少数亲密的朋友做较多的自我暴露，而对一般朋友和其他人做中等程度的暴露。

而且，你也不一定要说你的秘密，在不太了解的人面前，我们可以交流一些生活中的并不私密的情感，既给人亲近之感，又不会让自己处于不安全的境地。

互惠原则是个永恒的法则

互惠原理认为，我们应该尽量以相同的方式回报他人为我们所做的一切。

如果一个人帮了我们一次忙，我们也应该帮他一次；如果一个人送了我们一件生日礼物，我们也应该记住他的生日，届时也给他买一件礼品；如果一对夫妇邀请我们参加了一个聚会，我们也一定要记得邀请他们到我们的一个聚会上来。

"互惠原则"是你我在同事、朋友、恋人、夫妻……之间相处时，不可缺少的一门艺术。

在第一次世界大战中，有一种德国特种兵的任务是，深入敌后去抓俘虏回来审讯。

当时打的是堑壕战，大队人马要想穿过两军对垒前沿的无人区，是十分困难的。但是一个士兵悄悄爬过去，溜进敌人的战壕，相对来说就比较容易了。参战双方都有这方面的特种兵，经常派去抓一个敌军的士兵，带回来审讯。

有一个德军特种兵以前曾多次成功地完成这样的任务，这次他又出发了。他很熟练地穿过两军之间的地域，出乎意料地出现在敌军战壕中。

一个落单的士兵正在吃东西，毫无戒备，一下子就被缴了械。他手中还举着刚才正在吃的面包，这时，他本能地把一些面包递给对面从天而降的敌人。这也许是他一生中做得最正确的一件事了。

面前的德国兵忽然被这个举动打动了，并导致了他奇特的行为——他没有俘虏这个敌军士兵回去，而是自己回去了，虽然他知道回去后上司会大发雷霆。

这个德国兵为什么这么容易就被一块面包打动呢？人的心理其实很微妙的。人一般有一种心理，就是得到别人的好处或好意后，就想要回报对方。虽然德国兵从对手那里得到的只是一块面包，或者他根本没有要那个面包，但是他感受到了对方对他的一种善意，即使这善意中包含着一种恳求。但这毕竟是一种善意，是很自然地表达出来的，在一瞬间打动了他。他在心里觉得，无论如何不能把一个对自己好的人当俘虏抓回去，甚至要了他的命。

其实这个德国兵不知不觉地受到了心理学上"互惠定律"的左右。这种得到对方的恩惠，就一定要报答他的心理，就是"互惠定律"，这是人类社会中根深蒂固的一个行为准则。

一位心理学教授做过一个小小的实验，证实了这个定律。他在一群素不相识的人中随机抽样，给挑选出来的人寄去了圣诞卡片。虽然他也估计会有一些回音，但却没有想到大部分收到卡片的人，都给他回了一张。而其实他们都不认识他啊！

给他回赠卡片的人，根本就没有想到过打听一下这个陌生的教授到底是谁。他们收到卡片，自动就回赠了一张。也许他们想，可能自己忘了这个教授是谁了，或者这个教授有什么原因才给自己寄卡片。不管怎样，自己不能欠人家的情，要给人家回寄一张，总是没有错的。

这个实验虽小，却证明了互惠定律的作用。当从别人那里得到好处时，我们总觉得应该回报对方。如果一个人帮了我们一次忙，我们也会帮他一次，或者给他送礼品，或请他吃饭。如果别人记住了我们的生日，并送我们礼品，我们对他也会这么做。

中国古代讲究礼尚往来，也是互惠定律的表现。这似乎是人类行为不成文的规则。

一个人向朋友请教一件事，两人聚会吃饭，那么帐单就理所当然应由请教人的这个人付，因为他是有求于人的一方。如果他不懂这个道理，反而让对方付，就很不得体。

在不是很熟悉的朋友之间，你求别人办事，如果没有及时地回报，下一次又求人家，就显得不太自然。因为人家会怀疑你是否有回报的意识，是否感激他对你的付出。及时地回报，可以表明自己是知恩图报的人，有利于相互的继续交往。

而且如果不及时回报，会给你带来一些麻烦。你一直欠着这个情，如果对方突然有一件事反过来求你，而你又觉得不太好办的话，就很难拒绝了。俗话说："受人一饭，听人使唤。"可以说，为了保持一定的自由，你最好不要欠人情债。

当然，在关系很亲密的朋友之间，就不一定要马上回报，那样可能反而显得生疏。但也不等于不回报，只是时间可能拖得长一些，或赶到机会再回报。

朋友间维护友谊遵循着互惠定律，爱情之间也是如此。其实世上没有绝对无私奉献的爱情，不像歌里和诗里表现的那样。爱情也是讲求互惠互利的，双方需要保持一个利益的平衡。如果平衡被严重打破，就可能导致关系破裂。

人与人之间的互动，就像坐跷跷板一样，要高低交替。一个永远不肯吃亏、不肯让步的人，即使真正得到好处，也是暂时的，他迟早要被别人讨厌和疏远。

而且互惠原理也是人类社会永恒的法则，它是各种交易和交往得以存在的基础。

在 1985 年，埃塞俄比亚可以说是世界上最贫困的国家。它的经济崩溃了，连年的旱灾和内战将食物供应破坏殆尽，人民由于疾病和饥饿成百上千地死去。在这种情况下，如果有 5000 美元的捐款从墨西哥送到这个处于水深火热中的国家，估计任何人也不会感到奇怪。

但是报纸上的一条简短的新闻却让人跌破眼镜：这两个国家之间的确是有一笔 5000 美元的捐款，但捐款人和受惠者却与一般人设想的相反，是埃塞俄比亚红十字会的官员决定捐这笔钱给墨西哥，而受惠的人是当年墨西哥城地震中的受害者。

这是什么原因呢？还真有好奇者进行了仔细调查，发现了事情的原委是这样的：虽然埃塞俄比亚自己手头也很紧，但他们还是决定捐钱给墨西哥。因为在 1935 年，当埃塞俄比亚正受到意大利的侵略时，墨西哥也曾经给埃塞俄比亚提供过援助。这个事件证明了互惠原理的权威性。显然，互惠的原理战胜了文化的巨大差异、遥远的地理距离、极度的贫困饥荒和自己的切身利益。

著名的考古学家理查德·李凯认为，人类之所以成其为人类，互惠原理功不可没。他说："我们人类社会能发展成为今天的样子，是因为我们的祖先学会了在一个以名誉作担保的义务偿还网中，分享他们的食物和技能。"正是由于有了这样一张网，才会有劳动的分工以及不同商品的交换。互相交换服务使人们得以发展自己在某一方面的技能，成为这方面的专家和能手，也使得许多互相依赖的个体得以结合成一个高效率的社会单元。

感恩图报的意识之所以能够促成社会进步，一个关键在于这种意识的未来性。面向未来的价值取向在人类社会的进步中所起的作用是不可低估的。这意味着人们在与别人分享某些东西（比如说食物、能源、关怀）的时候，可以确信这一切都不会被遗忘。人类在进化的过程中达到了这样一种文明程度：当一个人将财物等资源分给他人时，其实并没有真正地将这些东西失去。

结果，那些以一方向另一方提供资源为开端的交易变得容易起来，错综复杂而又井然有序的援助、送礼、防御和贸易体系也成为可能，这些都给社会带来了巨大的利益。这也难怪互惠原理会成为深深植根于我们心目中的价值观。

第一印象很重要

一个新闻系的毕业生正急于寻找工作。一天，他到某报社对总编说："你们需要一个编辑吗？"

"不需要！"

"那么记者呢？"

"不需要！"

"那么排字工人、校对呢？"

"不，我们现在什么空缺也没有了。"

"那么，你们一定需要这个东西。"说着他从公文包中拿出一块精致的小牌子，上面写着"额满，暂不雇用"。总编看了看牌子，微笑着点了点头，说："如果你愿意，可以到我们广告部工作。"

这个大学生通过自己制作的牌子，表现了自己的机智和乐观，给总编留下了美好的"第一印象"，引起对方极大的兴趣，从而为自己赢得了一份满意的工作。

当我们进入一个新环境、参加面试，或与某人第一次打交道的时候，常常会听到这样的忠告："要注意你给别人的第一印象噢！"

第一印象，又称为初次印象，指两个素不相识的陌生人第一次见面时所获得的印象。那么，第一印象真的有那么重要，以至在今后很长时间内都会影响别人对你的看法吗？

心理学上有一个规律，在和比较陌生的人交往中，他给我们的早期印象往往比较深刻。有这样一个心理学实验证明了这个规律。

心理学家设计了两段文字，描写一个叫吉姆的男孩一天的活动。其中一段将吉姆描写成一个活泼外向的人：他与朋友一起上学，与熟人聊天，与刚认识不久的女孩打招呼等；而另一段则将他描写成一个内向的人。研究者让有的人先阅读描写吉姆外向的文字，再阅读描写他内向的文字；而让另一些人先阅读描写吉姆内向的文字，后阅读描写他外向的文字，然后请所有的人都来评价吉姆的性格特征。

结果，先阅读外向文字的人中，有78%的人评价吉姆热情外向，而先阅读内向文字的人，则只有18%的人认为吉姆热情外向。可见，人们在不知不觉中，倾向于根据最先接受到的信息来形成对别人的印象。

由此可见，第一印象真的很重要！人们对你形成的某种第一印象，通常难以改变。而且，人们还会寻找更多的理由去支持这种印象。有的时候，尽管你表现的特征并不符合原先留给别人的印象，人们在很长一段时间里仍然要坚持对你的最初评价。第一印象在人们交往时所产生的这种先入为主的作用，被叫做"首因定律"。

其实，人类有一种特性，就是对任何堪称"第一"的事物都具有天生的兴趣并有着极强的记忆能力。承认第一，却无视第二。不经意地你就能列出许许多多的第一。如世界第一高峰，中国第一个皇帝，美国第一个总统，第一个登上月球的人等等，可是紧随其后的第二呢？你可能就说不上几个。

在生活中，人同样对第一情有独钟，你会记住第一任老师，第一天上班，初恋等等，但对第二就没什么深刻的印象。这就是"首因定律"的表现。

因此，我们要特别注意给别人的第一个印象，要争取在第一次亮相的时候，就显出最有光彩的自己。

近期印象是熟人交往的关键

生活里，我们总是强烈谴责喜新厌旧的人，认为他们的行为是不道德的。然而，在交往中，其实很多人都有"喜新厌旧"的习性——比较重视"新"的信息，而不太重视旧的信息。

新近的信息比以前得到的信息对于交往活动有更大影响，突然的一个"信息"会使人们早已习惯的认识和印象发生质的飞跃，这和首因定律正好相反，在心理学上叫做"近因定律"。

那么首因定律和近因定律岂不是自相矛盾？其实，它们并不矛盾，而是各自有着适用的范围。心理学家告诉我们，一般的，当两种矛盾的信息连续出现时，首因定律突出，而当两种矛盾的信息间断出现时，近因定律更为明显；在与陌生人交往时，首因定律影响较大，而在与熟人交往时，近因定律则有较大影响。

弥子瑕是卫国的一名美男子，在卫灵公身边为臣，很讨君王的喜欢。有两件事最能说明卫灵公宠爱弥子瑕的程度。有一次，弥子瑕的母亲生了重病。捎信的人摸黑抄小路赶在当天晚上把消息告诉了他。弥子瑕顿时心急如焚，他恨不得立刻插上翅膀飞到母亲身边。可是京城离家太远，怎么能尽快赶回去呢？卫国的法令明文规定，私驾君王马车的人要判断足之刑。但是为了尽快赶回家去替母亲求医治病，弥子瑕不顾个人安危，假传君令让车夫驾着卫灵公的座车送他回家。后来卫灵公知道了这件事，不但没有责罚弥子瑕，反而称赞道："你真是一个孝子啊！为了替母亲求医治病，竟然连断足之刑也无所畏惧了。"

还有一件事情是这样的：有一天，弥子瑕陪卫灵公到果园游览。当时正值蜜桃成熟的季节，满园的桃树结满了白里透红的硕果，蜜桃醉人的芳香让人垂涎欲滴。弥子瑕伸手摘了一个又大又熟透的蜜桃，咬了一大口，感到非常好吃，就把剩下的递给身边的卫灵公，对他说："这个桃子很好吃，你也尝一尝！"卫灵公毫不在意这是弥子瑕吃剩的桃子，高兴地说："你把可口的蜜桃让给我吃，表明你爱我呀！"

弥子瑕年纪大了以后，容颜衰老了，卫灵公也因此丧失了对他的热情。这时弥子瑕有得罪卫灵公的地方，卫灵公不仅不再像过去那样迁就他，反而降罪于他，还对别人说："这家伙过去曾假传君令，擅自动用我的车子；吃剩的桃子给我吃，这不是看不起我吗？至今他仍不改旧习，还在做冒犯我的事！"

弥子瑕从年轻到年老，始终把卫灵公当成自己的一个朋友看待，在卫灵公面前无拘无束。可是卫灵公则不一样，他在弥子瑕年轻美貌时宠爱他，迁就他，到了他年老色衰时，则忘掉他过去的好处，只把眼前的事情作为判断和对待他的依据。这是一个典型的"近因效应"的例子。

在我们的生活中也常发生这样的事。某人最近犯了一个错误，人们便改变了对这个人的一贯看法；或者两个好朋友为一点意见甚至误会而翻脸、断交；常年来往，亲密得像一家人的两个家庭，却为一件小事闹矛盾，甚至大动干戈，从此"鸡犬相闻，老死不相往来"。产生这类现象的原因都是受"近因效应"影响。发生了这类事后，往往一方埋怨另一方"全然不念当初恩义"，另一方又责怪这方"昧了良心"。

心理学的秘密
XIN LI XUE DE MI MI

例如：某电视台著名节目主持人，一生声名卓著，到了晚年却晚节不保，因为一桩私生活的丑闻而败坏了一世名声，就是近因定律的作用。在朋友交往中，有时多年的友谊会因一次小别扭或误会而告终；夫妻之间吵架，一气之下，可能全忘记了对方过去的好处和恩爱，只想着离婚，这也是近因定律"惹的祸"。

民政部门似乎对近因定律有所了解，所以在夫妻来办理离婚的时候，往往会劝他们先冷静一段时间考虑考虑，再来办不迟。结果很多夫妻回去仔细一考虑，又想起了对方的种种好处，又不想离了。

近因效应还有一个表现就是，在人与人交往的过程中，往往最后的一句话决定了整句话的调子。比如，老师跟学生说："随便考上一个学校，该没有什么问题吧？虽然录取率那么低。"或者说："虽然录取率那么低，总能考上一个学校吧？"这两句话的意思是一样的，只因语句排列的顺序不同，给人的印象却全然不同。前者给人留下悲观的印象，后者则给人乐观的印象。

曾国藩有一个有趣的故事，证明了这个效应。曾国藩在最初和太平军的交锋中，一直处于劣势，于是在奏折中称自己"屡战屡败"。但他幕下的一个师爷看了说，不要这样写，而将四个字的位置调动了一下，变成了"屡败屡战"。曾国藩恍然大悟，把奏折改了过来，交了上去。结果一个"常败将军"的形象变成了"败而不馁"、坚忍不拔的形象。

因为这个规律的存在，老师批评学生或上级批评下属时，也应该注意语句的先后顺序，尽可能使它产生一个良好的近因效应。比如在进行严厉批评后，我们不要忘了安抚对方的情绪："……也许，我的话讲得重了一点，但愿你能理解我的一番苦心。""……很抱歉，刚才我太激动了，希望你能好好加油！"用这种话作结束语，被批评者就会有受勉励之感，认为这一番批评虽然严厉了一点，但都是为我好的。

近因效应提醒我们在人际交往中，不能依靠吃老本，要时刻注意近期的表现，时刻注意保持已经树立起来的形象。

平时在和老朋友的交往中，每一次交往都要认真对待，特别是每一次交往最后几分钟的音容笑貌。由于是老朋友，就没有什么首因定律可言了，而到底哪一次交往能发生近因定律，却是无法预料。只要有一次表现得有点异样或特别，那么，过去的表现可能就会大打折扣甚至一笔勾销。因此，每一次交往都得小心行事，不能因为是老朋友就"忘乎所以"。

近因定律包含着人类喜新厌旧的本性。这提醒我们人际关系是需要"保鲜"的——尤其是夫妻之间。我们大概都还记得电影《手机》中那句流行一时的台词："在一张床上睡了 20 年，难免会有一些'审美疲劳'。"就是说，不管当初如何恩爱，如何甜蜜，如果不能经常保持新鲜感，近因定律会使我们忘记对方过去的好，而因为喜新厌旧，具有移情别恋的可能。

人们愿意与相似的人交往

古时候钟子期和俞伯牙的友谊非常有名。俞伯牙有出神入化的琴技，而只有钟子期才能听出他琴技的高妙，于是钟子期和俞伯牙成为最知心的朋友。后来钟子期在政治斗争中被杀，俞伯牙非常伤心，终生不再弹琴了，因为已经没有人能够听懂了，何况这还会勾起他对钟子期的怀念和伤感。

钟子期、俞伯牙之所以有超乎寻常的友情，就是因为他们有个相似的特点——对音乐的高超的鉴赏力。因为无人能取代钟子期，所以他在俞伯牙心中的地位是独一无二的。

有个成语叫"臭味相投"，还有个俗语叫"物以类聚，人以群分"，说的都是人们对和自己相似的人容易看着顺眼，容易成为朋友。相反，如果志趣不投，人和人就不容易成为朋友；即使本来是朋友，发现志趣各异，也会变成陌路。古时候"割席断交"的故事，就和钟子期、俞伯牙的故事正好相反。

管宁和华歆在年轻的时候，是一对非常要好的朋友，经常一起吃、一起住，一起读书。有一次，他俩一块儿在地里锄草，管宁碰到了一块黄金，但是他自言自语地说了句："我当是什么硬东西呢，原来是锭金子。"接着，就继续锄草。

华歆听说捡到金子了，忙跑过来，激动地拿在手里看，显出贪婪之色。管宁责备华歆说："钱财应该是靠自己的辛勤劳动去获得，一个有道德的人不该贪图不义之财。"华歆不赞同他，也不好意思说什么。

又有一次，他们坐在一张席子上读书。忽然外面沸腾起来，一片鼓乐之声，夹杂着人们看热闹的声音。他们走到窗前一看，是一位达官显贵从这里经过，他的队伍衣着华丽，威风凛凛。

管宁看完了，就回到原处继续读书。华歆却完全被这种张扬和豪华的排场吸引住了，书也不读了，跑到街上去看个仔细。

管宁看到华歆的行为很失望。等华歆回来后，管宁拿出刀子把他们共同坐的席子从中间割成两半，痛心地宣布："我们两人的志向和情趣太不一样了。从今以后，我们就像这被割开的草席一样，再也不是朋友了。"

所谓"道不同者不相为谋"，志向不同，就像两股道上跑的车，怎么也走不到一块去。所以真是没有必要在一起了。

心理学家做过这样一个实验：他们要求一些年轻人回忆他们结交的一位最亲密的朋友，并请列举这位朋友与他们自己有哪些相似之处与不同之处。大多数人列举的尽是他的朋友与他的相似之处，什么"我们性格内向、诚实，都喜欢欣赏古典音乐"啦，什么"我们都很开朗、好交际、还常常在一起搞体育活动"啦，等等。

在日常生活中我们也经常可以看到，人生观、宗教信仰、对社会时事看法比较一致的人，更容易谈得来，感情融洽。相似性包括很多方面，如态度、信念、兴趣、爱好和价值观等。同年龄、同性别、同学历和相同经历的人容易相处；行为动机、立场观点、处世态度、追求目标一致的人更容易相互扶持……

那么人为什么会喜欢与自己相似的人呢？

首先，人们与和自己持有相似观点的人交往时，能够得到对方的肯定，便会增加"自我正确"的安心感。他们之间发生争辩的机会较少，容易获得对方的支持，很少会受到伤害，比较容易有安全感。

比如，有两个素不相识的酒鬼因喝醉了酒，同在一辆电车中睡着了。他们一直坐到郊外的终点站。当时又没有返程电车，于是这两个醉鬼之间同病相怜，产生了友情，一起寻找出租汽车，车费两人对半负担。他们愉快地聊着，踏上了归途。这两个酒鬼也许不被别人理解，可是他们之间却同病相怜，惺惺相惜，或者说臭味相投。

其次，相似的人容易组成一个群体。人们试图通过建立相似性的群体，以增强对外界的应对能力，保证反应的正确性。人在一个与自己相似的团体中活动，阻力会比较小，活动更容易进行。

人们也愿意与和自己互补的人交往

在生活中我们可以发现，不仅特征相似的人会相互吸引，而且彼此之间差异较大的人，也能够建立较为亲密的关系。在需求、兴趣、气质、性格、能力、特长和思想观念等方面，如果存在差异，而双方的需要和满足途径又正好成为互补关系，就可以产生相互吸引的关系。这证明人不仅有认同的需要，也有从对方获得自己所缺乏的东西的需要。

那么互补和相似定律是否矛盾呢？它们并不矛盾，因为差异并不一定都能形成互补。互补性的前提是，交往双方都得到满足，如果不能满足这一要求，那么相反的特性就不能够产生互补，甚至还产生厌恶和排斥。比如高雅和庸俗、庄重和轻浮、真诚和虚伪等等，这些就只能造成"道不同者不相为谋"。

或者说，形成相似的那些条件，往往是大的方面，比如人生观、做人处世原则、人生追求等等。这些如果不同，就难以互相理解，不容易产生吸引。而形成互补的，往往是相对较小的方面，比较具体的特征。就像人们常说的："该相似的地方相似，该互补的地方互补。"

互补一般可分为两种情况。一种是：交往中的一方能满足另一方的某种需要，或者弥补某种短处，那么前者就会对后者产生吸引力。如能力强、有某种特长、思维活跃的人，对能力差、无特长、思维迟缓的人来说，就具有吸引力；依赖性特别强的人愿意和独立的人在一起；脾气暴躁的人和脾气温和的人能够成为好朋友；支配型的人和服从型的人能够结为秦晋之好，试想，如果两个都是支配型的人结为夫妻，那家中还能有太平吗？

互补的另一种情况是：因为别人的某一特点满足了你的理想，而增加了你对他的喜欢程度。比如一个看重学历的人，自己又没有拿高学历的机会，会很看重高学历的朋友等等。

任何人都与生俱来地具有一些缺点，而且性格不是那么容易改变。为了弥补自己的不足，我们往往在寻求生活伴侣和事业伙伴时，注意寻找能弥补自己缺点的人。

如小张是一个好与人争辩道理且十分任性的人，他找的是一个大大咧咧的老婆。小张之所以喜欢她，是因为她能够让小张从容地依照自己的步调行事，不和他较真，让他很安心。

在事业的合作上，寻找和自己互补的人是非常重要的。比如比尔·盖茨原来自己经营微软公司，时间长了，逐渐发现自己在管理能力方面的某种欠缺。而且他自己真正的兴趣是在软件开发上，所以逐渐感到分身乏术，力不从心，工作兴趣也下降了。他逐渐认识到管理方面需要有专门的人才来为他打理，后来就找到了大学时的同学鲍尔默。而鲍尔默恰恰是个管理方面的天才。他热情万丈，善于影响别人，善于调动职工的积极性。对于比尔·盖茨来说烦琐乏味的管理工作，对于他来说则是乐趣无穷。这就形成了很好的互补关系，强强联合，缔造了辉煌的成功。

相互喜欢的人容易相互吸引

我们通常喜欢那些也喜欢我们的人。人大概都有一些自恋，也就是喜欢自己。这个世界上，你最爱的人是谁？恐怕大部分人都会回答是自己。人们都把自己当成世界的中心，把自己作为衡量一切的标准。

这种情况一点也不奇怪，符合人的自我中心的本性。比如，如果别人喜欢我们，就比较容易赢得我们的喜欢，而不管他客观上是怎样的人。当然，我们说的是大多数人的情况，而不是所有人。

看看你身边的人，你想过你喜欢的人通常具有哪些特征吗？你喜欢他们，是因为他们漂亮吗？还是因为他们聪明？或者是因为他们有社会地位？

心理学的研究表明，我们通常喜欢的人，是那些也喜欢我们的人。他不一定很漂亮，或很聪明，或者很有社会地位，仅仅是因为他很喜欢我们，我们也就很喜欢他们。这个规律叫做相互吸引定律。

那么，我们为什么会喜欢那些喜欢我们的人呢？因为喜欢我们的人使我们体验到了愉快的情绪，一想起他们，就会想起和他们交往时所拥有的快乐，使我们一看到他们，自然就有了好心情。

而且，那些喜欢我们的人使我们受尊重的需要得到了满足。因为他人对自己的喜欢，是对自己的肯定、赏识，表明自己对他人或者对社会是有价值的。

心理学的秘密
XIN LI XUE DE MI MI

有一个人说过这样一句话："什么是好人？——对我好的就是好人。"其实这种观点是很有代表性的。人们大多是以这个标准来衡量周围的人的。

有些人很善于利用这个心理定律赢得别人的好感。那就是，为了得到别人的认可，就表现出喜欢对方的样子。比如推销员，他每天要面对许多从未谋面的人，他也许并不了解那些人，但是，他必须表现出对对方的喜欢，这是为了让对方也喜欢他、接受他，他的生意才好做。

可以说，这个规律在社交场中很具有实用价值。这是赢得别人好感的捷径。你可以经常表现出对别人的兴趣，这就表明对对方有好感，就很容易赢得对方同样的情感回报。

为什么说这条定律是来源于人的自恋心理呢？因为当人们发现一个人喜欢自己，不管对方客观情况是怎样，是否具有让自己喜欢的特点，就会无条件的比较喜欢对方。人们大概是想象，既然对方喜欢自己，那么一定是他在某些方面和自己相似，认可自己的为人和某些特点，那么自己有什么理由不同样喜欢对方呢？

这种心理规律，在某种程度上，也和人们的自信缺乏有关。

一个人如果自我尊重程度较强，较为自信，那么别人表示出来的对他的喜欢和赞扬，对他的影响就不是很大，人际吸引的相互性原则对他的作用也就不是很大。而那些具有较低自我尊重的人，往往不喜欢那些给他们否定性评价的人，因为他极不自信，所以特别需要别人的肯定，特别看重别人表达的对自己的喜欢。

在实际生活中，严格地讲，没有人是完全自信的，因此大多数人都特别需要别人对自己的肯定。

在生活中，有很多这样的情况，就是两个人的相互喜欢是由一个人对另一个人单方面喜欢开始的。比如一个女孩开始时对一个男孩并没有多少好感，但是这个男孩子表现出了对她特别喜欢的态度，久而久之，这个女孩也对这个男孩动心了，最后接受了他的追求。

当然，这个规律也不是绝对的。有时我们喜欢某个并不喜欢我们的人，相反，我们不喜欢的人有时却很喜欢我们。我们只能说在其他一切方面都相同的情况下，人有一种很强的倾向，喜欢那些喜欢我们的人，即使他们的价值观、人生观都与我们不同。

人们喜欢模仿别人、喜欢攀比

好的模仿使我们学到东西，得到进步，坏的模仿则使我们成为笑料。

战国时代，越国有一个最出色的美女，名叫西施。她长得非常漂亮，据说有沉鱼落雁之貌。她无论怎样打扮，一举一动都是美丽动人的。西施有个心口疼的毛病，犯病的时候，总是用手按着胸口，皱紧眉头。她这犯病的形态，在别人眼里显得更加妩媚可爱了。

有一天，她在村中的道路上行走，突然，胸口疼痛起来，疼得紧皱眉头，便不知不觉地用手按着胸口处。正巧，迎面走来一位东村的丑姑娘。因为她住在东村，故称东施。东施长得面貌丑得很，她看见西施皱着眉头，用手按着胸口在笑，觉得样子十分好看。于是，东施姑娘就照样模仿起来。丑姑娘东施本来没有胸口疼的毛病，却也用手按住胸口咧嘴笑，把眉头也照样紧皱起来，自以为这样就美丽了。村民们看到她一反常态的样子，莫名其妙地多看了她两眼，丑姑娘东施却以为人家喜欢上她了，于是她更加紧皱眉头咧开大嘴强笑，这一下，把别人都给吓跑了。

东施效颦，其结果不但不美，反而更丑了。这个故事用来比喻不了解对方的长处而胡乱学样、生搬硬套的行为。

东施的行为，在心理学上叫做模仿。模仿是每个人都有的一种心理机制，是指有意或无意的效仿或再现与他人类似的行为活动，简单讲，就是照着别人的样子去做。模仿先要观察，后是效仿。首先是"看"别人怎样做，其后是自己跟着"做"。模仿是一种复杂的学习过程，是人类传授知识的一条重要途径。模仿能使个人学到一些新的行为，使潜伏的行为显现，并使已有的行为加强或改变。

在生活中，人们是通过各种渠道学习、领悟并获得知识的，其中观察别人并模仿他们的言谈举止，是一条重要的途径。模仿不是简单的再现。经过模仿，人们能形成一定的态度、信念、理想等个性特点。模仿也是儿童社会化的重要手段。因为儿童的很多知识和行为都是以父母为楷模，经模仿而建立的。模仿分无意识模仿、有意识模仿与合理模仿三种类型。无意识模仿是在不知不觉中自动地模仿别人。见别人笑，自己也跟着笑；见别人起哄，自己也跟着起哄；听音乐时，见别人脚动，自己也跟着动，这些都属无意识模仿。在无意识模仿中，模仿者没有考虑模仿的意义和理由，是不自觉地照着别人的言行去做。有意识模仿是只知其一，不知其二，即虽不了解其模仿的意义，但还是有意识地去做。对风俗习惯的模仿就多属这种类型。有意模仿是一种适应性行为，是模仿者通过模仿他人的行为去适应社会环境从而获得在一个新的环境中生活的本领。当我们看到别人有比我们好的条件或东西，我们就倾向于模仿别人。因为"人往高处走，水往低处流"，谁都想变得更好，那么比我们强的人，就成了我们模仿的榜样。

生活中模仿很常见，比如看见别人留长发，自己也留长发；看见别人穿牛仔裤，自己也穿牛仔裤；看见别人家里怎样装修，自己也怎样装修，等等。但是有的模仿因为差距太大，而显得可笑，比如东施对西施的模仿就是如此。

法国剧作家莫里哀曾塑造了一个文学形象——"茹尔丹先生"。这个"茹尔丹先生"是个模仿迷。他得知别人家在举办家庭音乐欣赏会，"那么我家也应该有"，于是赶忙去请音乐教师到家里来。服饰穿戴，茹尔丹也处处向"上等人"看齐，却又模仿得很不得体。大白天，他要穿一件据说是"上等人"才有的睡衣；裁缝给他裁错了衣服，编瞎话哄他，他居然也信以为真了。结果，尽管衣服上的"花朵都是头朝下"的，但他只要听说是模仿而致，就说"那么行啦"，就这样干。

这个形象或许有点夸张，但他之所以成为文学上的经典形象，正是因为它来源于现实生活，非常有代表性。让我们看看周围的"茹尔丹先生"吧。

有的人看到邻居为女儿买了架钢琴，也想为自己的孩子买一架。听说表弟买了一辆新摩托车，觉得自己也应该买一辆。他们觉得：自己凭什么要比别人差呢？别人有的自己也该有。

就连小孩子都学会了攀比。孩子想买个游戏机的时候，他会说："妈妈，我想买个游戏机，我们班好多同学都买了。"或者，"我班×××浑身上下都是名牌！"这么一说，父母也不忍心让孩子明显比别的孩子差，就忍痛给孩子买东西。

说到底，我们今天的许多消费，没有多少一定是出于物质上的必需，很大程度倒是出于心理上的攀比。手机一定要那么高级的吗？其实许多功能你很少用，问题是要买个新潮的、高级的，不能比同事的那个差。手上戴着个几千元的戒指，有什么实际用途呢？不过是为了给人看，显示自己的"身价"。

看到别人结婚的排场，自己也不甘于落后，根本不考虑量入为出，即使勒紧裤腰带，甚至举债，也要办得大张旗鼓。

有的女孩子，在择偶方面眼光过高，看到同事或同学的老公"身家"多少多少，自己觉得也不能差了。看到几十万的，觉得还有几百万的，要是幸运，找个几千万的才最理想！就这样等下去，结果一晃就错过了适婚年龄。

完全避免攀比也许办不到，但攀比也应该适度。别人的生活是别人的，也许并不像我们想象的那样。当你真正过上了别人的生活，可能也会发现许多不如意之处。所以不要盲目地去模仿、攀比别人，最重要的是了解自己，知道什么能给自己带来最大的幸福。

人们对容貌美的人更有好感

《三国演义》中讲了这样一件事。庞统相貌丑陋，但很有才能。他去拜见孙权，想要效力于东吴。孙权本来是个爱才的领袖，但是一看到庞统相貌丑陋，就不太喜欢他。又看他性格傲慢不羁，更加没有好感。最后，他竟把与诸葛亮齐名的旷世奇才庞统拒之门外，鲁肃苦劝也无济于事。

孙权以貌取人，显然是种偏见。可是连孙权这样的英雄人物尚且有此偏见，在生活中这样的例子就更不罕见了。

人们总爱说："人不可貌相，海水不可斗量。"似乎以貌取人是不明智的做法。但是，这个道理认识到容易，真正做到却不容易。就是说，大多数人，无论理智上怎样认为，但是在对别人的判断上多少要受到对方外貌的影响。"美貌效应"的现象往往极为突出：人们见到长相俊俏的孩子，会由衷地喜爱，赞不绝口，亲切热情。孩子的父母更是喜不自胜，恩宠有加。相反，人们对相貌一般的孩子，尤其是长相丑陋的孩子，则缺乏热情，甚至冷淡、歧视、挖苦。成人之间也是如此。相貌漂亮的人，尤其是年轻的女子，会在人际交往、婚姻等事情上博得他人的青睐，激起他人的热心，事情往往很好办。相比之下，相貌不佳者就没那么"运气"了，他们甚至会处处碰壁，心灰意冷，苦恼不堪，羞于见人，自卑心理严重。马斯洛的需要层次论，也可以对人类喜欢美进行解释。他将美的需要置于一个很高的位置上，认为美的需要是人类生存和发展的重要的需要。也许正是因为美的需要是人类的需要，人们才通过爱美来表现人的本质力量，并且让爱美的心愿毫不掩饰、毫无保留地反映在人们的生活中。

美的女性人体会产生审美作用。它会使男子头晕目眩，激起他们的自然感情，甚至丧失判断力，使铁石心肠软化，做出出人意料的决定，超越传统的准则。

斯拉维伊科夫在他的古代诗歌中，重现了古代传说中雅典执政官审判艺妓弗丽娜罪行的场面。激愤的人群大嚷大叫："处死她，处死她！"严厉的法官已确定无疑地判决她死刑。而就在这个千钧一发的时刻，弗丽娜的辩护人基彼里德果断地从她肩上取下了紫红色的长衣。弗丽娜美妙绝伦的身体呈现在大家眼前。顿时法官和沸腾的人群就像突然凝滞一样，变得鸦雀无声。他们被这位艺妓惊得目瞪口呆了。斯拉维伊科夫的诗中说：

"神圣的形体刹那间放射出静谧清丽的光彩。

人群，刚刚还在怒吼：

将这高傲的艺妓处死！

倏忽间，全都哑口无言，

沉醉于对美的欣赏中。"

美貌有时具有使人震惊的力量。在生活中，美丽的外貌常常使我们赏心悦目、心旷神怡。在这不知不觉的视觉享受中，我们的心态发生了微妙的变化，乃至影响我们的判断和决定。

亚里士多德曾经说过"美丽比一封介绍信更具有推荐力"。国外有过一项针对这个问题的研究。根据统计，得出这样的结论：长相好看的人比相貌平平的人挣钱更多，拥有的工作更让人羡慕，而相貌平平的人比相貌丑陋的人又会好一些。

虽然长相不是一切，但的确可以构成一项资本。比如，一个单位雇用一个秘书，如果两个候选人其他条件相同，而一个更漂亮些，那么一定会有更大的优势，尤其是经理是男性的情况下。毕竟人们更喜欢天天看到漂亮的脸蛋，用通俗的话来说——"养眼"。这就是为什么电视、电影里的明星，大多长相俊美，原因很简单，因为美貌可以让人赏心悦目。

在爱情中，美貌更是一项资本。情侣一般在相貌上是般配的。当两个人不般配时，丑的一方通常要在其他方面有更好的条件来平衡。

男人似乎对容貌更加重视一些，就是人们常说的："世上没有不好色的男人。"男人如果身边带着个漂亮的女人，会觉得脸上更有光彩。

那么，人们喜欢或不喜欢一个人，为什么要依据他的容貌呢？心理学家是这样解释的：首先，我们从各方面感觉到，漂亮的人才值得爱。在一般的电影或电视中，被爱的人总是漂亮的人。这给人们一种感觉，似乎漂亮的人更值得人爱。另外，喜欢同漂亮的人在一起，还因为这使我们有一种沾光心理——在别人面前显得更光彩。有时候只因有一个漂亮的异性在身边，就会受到别人积极的评价和羡慕。此外，由于晕轮效应，我们错误地以为漂亮的人还有其他方面好的属性，而事实却不一定如此。最后一个原因，很简单，漂亮的人使人看着舒服，可以使人沉缅于美的满足之中。

实际上，如果我们理性一些就会认识到，以貌取人的确有很大的局限性。因为人的长相和心灵是两回事。即使是看相的，也注重"眼相"，也就是更注重一个人的内在神韵，现在也许可以叫"气质"。其实，气质美要比容貌美更高一筹。内在的美才更耐看，也更能成为判断一个人的依据。

所以，以貌取人更容易发生在认识的初期，就是不太熟悉的时候。有心理学家做过一个实验，将一群陌生人一连四天聚在一起，每次聚一个小时。

第一天，研究人员认为接受实验者对于美的评判有 32% 来自外貌，20% 仍来自对内在的了解。评价的人比较客观。

第二天，情况改变了，评判中的 26% 来自客观的印象，而 33% 来自评价者的主观意识。

第三天，这一比率为 24/34。

第四天，也就是最后一天，则是 23/48。

这个实验说明，人们对容貌的重视，会随着彼此的熟悉而减弱。这就是为什么我们看熟悉的喜欢的人，会觉得越来越顺眼。

邻近的人会对我们形成感染

　　附近的人对我们的影响，是我们无法回避也不应忽视的。

　　俗话说"远亲不如近邻"，此话不假。比如，人们大部分的朋友，不是同学同事，便是近邻。又如，人们总是能够比较方便地在同学同事或邻居中找意中人，而所谓"千里姻缘一线牵"总归是不太多的。美国社会学家巴萨德20年代研究了费城的5000份结婚申请书，发现三分之一的夫妇，婚前住在五个街区之内的范围中。

　　我们都知道孟母三迁的故事。孟子的母亲带着幼年的孟子，一开始住在一所公墓附近。孟子看见人家哭哭啼啼地埋葬死人，觉得好玩，就跟着学。孟母心想："我的孩子住在这里不合适。"就立刻搬家，搬到了集市的附近。

　　孟子看见商人自吹自夸地卖东西赚钱，孟子又学着玩。这可不是母亲想让孟子学的。孟母说："我的孩子住在这里也不合适。"就又立刻搬家，搬到了学堂的附近。

　　在这里，孟子就开始跟学堂里的人学习礼节，并且也要求上学了。孟母欣慰地说："这才是适合我孩子居住的地方啊！"高兴地在那里定居下来。

　　孟母为了给孩子创造良好的成长环境，不嫌麻烦，带着孩子搬了三次家。这说明孟子的母亲很懂得心理学上的"邻里定律"。

无独有偶，南朝时候，季雅也是个很重视"邻里定律"的人。当时有个叫吕僧珍的人生性诚恳老实，又是饱学之士，待人忠实厚道，从不跟人家耍心眼。吕僧珍的家教极严，他对每一个晚辈都耐心教导、严格要求、注意监督，所以他家形成了优良的家风。家庭中的每一个成员都待人和气、品行端正。吕僧珍家的好名声远近闻名。

南康郡守季雅是个正直的人。他为官清正耿直，秉公执法，从来不愿屈服于达官贵人的威胁利诱，为此他得罪了很多人。一些大官僚都视他为眼中钉、肉中刺，总想除去这块心病。终于，季雅被革了职。

季雅被罢官以后，一家人只好从气派的大府第搬了出来。到哪里去住呢？季雅不愿随随便便找个地方住下。他颇费了一番心思，离开住所，四处打听，想寻找一个最合心意的住所。很快，他就从别人口中得知，吕僧珍家是一个君子之家，家风极好。他非常高兴，马上来到吕家附近，通过观察发现吕家子弟个个温文尔雅，知书达理，果然名不虚传。说来也巧，吕家隔壁的人家要搬到别的地方去，打算把房子卖掉。季雅赶快去找这家要卖房子的主人，愿意出 1100 万钱的高价买房，那家人很是满意，二话不说就答应了。

于是季雅将家眷接来，就在这里住下了。

吕僧珍过来拜访这家新邻居。两人寒暄一番，谈了一会儿话，吕僧珍问季雅："先生买这幢宅院，花了多少钱呢？"季雅据实回答。吕僧珍很吃惊："据我所知，这处宅院已不算新了，也不很大，怎么价钱这么高呢？"季雅笑了，回答说："我这钱里面，100 万钱是用来买宅院的，1000 万钱是用来买您这位道德高尚、治家严谨的好邻居的啊！"

季雅宁肯出高得惊人的价钱，也要选一个好邻居，正是因为他懂得邻里效应的原理。他知道好邻居会给他的家庭带来良好的影响，所谓"近墨者黑，近朱者赤"。

生活中有一些人比较有主见，态度比较坚定，似乎不太容易受到周围其他人的影响。实际上严格地说，世界上没有一个人能够完全避免周围人的影响。心理学上的"邻里定律"告诉我们：邻近的人会对我们产生一定的影响，这是每个人都无法避免的。这个定律是经过心理学实验证明的。

1950年，美国有三位社会心理学家，针对麻省理工学院17栋已婚学生的住宅楼进行了一次调查。这是些二层楼房，每层有5个单元住房。住户住到哪一个单元，是纯属偶然的，因为哪个单元的老住户搬走了，新住户就搬进去。

调查中，对每个住户都问这样的问题：在这个居住区中，和你经常打交道的最亲近的邻居是谁？

结果表明，居住距离越近的人，交往次数越多，关系越亲密。在同一层楼中，和隔壁的邻居交往的几率是41%，和隔一户的邻居交往的几率是22%，和隔三户的邻居交往的几率只有10%。

其实多隔几户，距离上没有增加多少，可是亲密程度却差多了。这似乎说明，人们和邻近的人打交道更多一些。

想想我们自己吧，我们的朋友大多不是同学、同乡，就是熟人介绍的。凭空认识一个陌生人，并成为好朋友，这种情况毕竟很少。

理解"邻里效应"得以产生的原因，似乎并不太难。按照有关专家的解释，这无非是由于以下两方面的原因：

第一，因为人们普遍存在一种建立和谐的人际关系的期望，要努力和邻近者友好相处，所以会尽量避免让近邻感到不愉快；同时，人们看待对方，也倾向于多看积极的方面，忽视消极的方面。这样，各自便为"邻里效应"的产生创造了一个良好的前提；

第二，人们在互动过程中，总是不由自主地力图以最小的代价换取最大的报酬。

和邻近者交往，肯定要比和距离远的人交往所付出的代价小。这主要是了解对方容易，只花相对小的功夫，就能获得关于对方的某些信息，容易预测对方的行为。能够预测对方的行为，就可以在和他交往时产生一种安全感。人们愿意和使他感到安全的人打交道。此外，和近邻者打交道时，往往付出较小的努力就能够达到目的，比如向近邻借东西，最起码可以少走几步路。

这大概就是中国古话说的"远亲不如近邻"的原因所在。俗话还说，"三年不上门，当亲也不亲"。也说明距离近，经常来往，关系才更容易变得亲密。

在学校里，关系比较好的，往往是座位比较近的同学。

还比如，人们在选择终生伴侣的时候，大多是在同学同事或邻居中找到的，而所谓"千里姻缘一线牵"的概率就低多了。

对处于邻近空间中的人群，"社会感染"更易起到一定的整合作用，人们相互之间靠感染达到情绪上的传递交流，使之逐渐一致起来，进而引起比较一致的行为。比如，一个小偷在车厢里扒走了一个乘客的钱包，近邻的乘客知道后，你一言我一语，议论纷纷，互相感染，群情激愤，最后一致行动起来，把那个小偷扭送到附近派出所处理。

总之，我们不能忽视身边的"邻里效应"对自己的成长和幸福所带来的影响，要尽量做到强化良性的"邻里效应"，而防止恶性的"邻里效应"，也就是尽量要和好邻居为伍，而避开不好的邻居——即使无法避开，也要提防他们无形中对我们的影响。因此，我们就要注意对周围人的选择，就像孟子的母亲那样，要有意识地选择对自己有利的人际环境。所谓"近朱者赤，近墨者黑"，周围的人总会对我们产生无形的耳濡目染，从而影响我们的个性成长，以及影响我们获得什么样的机会。

现在有一种流行的说法，就是多接近成功者，你就可以从他身上学到更多关于成功的道理，你也会更容易接近成功。这就是我们对邻里定律的主动运用了。

有的时候无声胜有声

很多人不知道的是，身体语言能比有声语言传递更多的信息，因而对于了解别人和表现自己来说，身体语言都是很重要的部分。

某公司企划部经理秘书小琴拿着一份文件，去请新来的经理批阅。没想到在新经理的办公室，她打开文件夹时，不小心碰翻了经理的茶杯，茶水淋了经理一裤子。她吓得不知所措，等待着经理对她大发雷霆。可是经理一句话没说，只是狠狠地瞥了她一眼，并示意她出去。

就在两个月前，小琴曾因工作上的一个失误，被原来那位经理训了一顿，可是她走出办公室后却一身轻松。而这次情况却不同，新任经理什么都没说，那不满的眼神反而让她心里打鼓。她心里忐忑不安，一会儿担心被扣发奖金，一会儿担心被调离岗位。

为什么发脾气的经理不让她害怕，反而不发脾气、仅仅瞥了她一眼的经理让她害怕呢？

这是因为原经理采用的有声语言，把自己的坏心情已经传达了出去，让小琴知道这件事已经结束了。可是新经理采用的"身体语言"，只表示了他的不满，至于怎样处理却表达得很模糊，让人不知道是既往不咎了，还是"等一会再收拾你！"。

心理学的秘密
XIN LI XUE DE MI MI

人人都知道，语言是我们沟通的常用工具。

除了语言，人类还有其他的交流工具，就是身体语言。比如一颦一笑、一个眼神、一个动作，都体现了某种情感，某种想法，某种态度。

那么哪一种交流方式起的作用更大，交流的信息更多呢？恐怕大多数人都会回答是语言。因为语言是人类所独有的、非常复杂，形成过程又经历了那么长的历史，应该为人类传递最多的信息。

可是事实并非如此。心理学家发现了一个令人吃惊的事实，就是人类的沟通，更多的是通过他们的姿势、仪态、位置以及同他人距离的远近等方式，而不是通过面对面的交谈方式进行的。确切地说，人际交流中65%以上，是以非语言方式，也就是通过身体语言进行的。

这听起来似乎令人难以置信，"难道我们每天滔滔不绝地大侃，还不如一举手一投足有用吗？"但这是事实。与口头语言不同，人类的身体语言表达大多是下意识的，是对思想的真实反映，虽然可能没有引起人们很大的注意，但是它在无声中，往往传递了比语言更多的信息。

而且，身体语言还有一个优势，就是它的真实性。人可以"口是心非"，但却很难做到"身是心非"。据说，公安机关使用的测谎仪根据的就是这个原理。

身体语言传递信息的效果有时要比有声语言更加强烈，更不能让人忽视。

身体语言还有一大优势，就是诚实。撒谎在生活中是司空见惯的，但是身体语言却不像有声语言那样容易蒙骗别人。因为身体语言体现的是人的下意识，是比较难以控制的。

"眼睛是心灵的窗口"，最能暴露一个人内心的秘密。如果一个人瞳孔扩大，眼睛大睁，就表明心里高兴，感觉良好；如果瞳孔缩小，就说明相反。当内心不太相信的时候，眼睛会眯缝起来。当说假话时，人一般不敢正视别人。

还有其他的一些身体语言。如果他一边说他已理解了你的意图，一边摸鼻子或拉耳朵，表明被你说的话弄糊涂了。如果他向下紧皱额头，表明没有听明白或不喜欢你说的话。如果向上皱起额头，表明他对你说的话感到惊讶。用手指敲打坐椅的扶手或者是写字台桌面，表示心绪烦乱，不耐烦。双臂交叉搭在胸前，表示不愿意和别人接近，或者表示戒备，在心理上想离你远一点。

英国心理学家莫里斯经过研究，发现了一个有趣的现象："人体中越是远离大脑的部位，其可信度越大。"脸离大脑中枢最近因而最不诚实。我们与别人相处，总是最注意他们的脸；而且我们知道，别人也这样注意我们，所以，人们都在借一颦一笑撒谎。再往下看，手位于人体的中间偏下，诚实度算中庸，人们多少利用它说过谎。可是脚远离大脑，绝大多数人都顾不上这个部位，于是，它比脸、手诚实得多。

当我们和别人交往时，要学会观察对方的身体语言。一个比较世故、社会经验较丰富的人，更善于通过对方的身体语言来判断其真实想法，而不是对方说什么就信什么。

如果你希望给别人好印象，就必须控制自己那些负面的身体语言。在说话时，要对自己的手势、姿态保持警觉。避免行为和言语出现矛盾，让别人产生不信任甚至是敌意。

身体语言是表达自己的一种能力，通过身体语言了解他人是一种本能，是一种可以通过后天培养和学习得到的"直觉"。例如，在报告会上，如果台下听众耷拉着脑袋，双臂交叉在胸前的话，台上讲演人的"直觉"就会告诉自己，他的讲话没有打动听众，必须换一个说法才能吸引听众。

与人交往一定要适度

我们讲过互惠定律，就是人们对别人给予的好处，总想要同等地回报。于是有的人以为，他如果对对方特别好，对方也会对他特别好。其实，互惠定律如世间一切规律一样，也是适度最好，过犹不及。

你对别人过分地好，在人际交往中"过度投资"，可能引起三个不良后果。

对一个有劳动能力、理智健全的人来说，独立和付出是个性成长的需要。人际关系中如果不能相互满足某种需要，那么这种关系维持起来就比较困难。心理学家霍曼斯曾提出，人与人之间的交往本质上是一种社会交换。这种交换同市场上的商品交换所遵循的原则一样，就是人们希望在交往中，得到的不少于所付出的。这也是我们在互惠定律里阐释过的。

正因如此，虽然人有自私的本性，不希望得到的少于付出的，但出于互惠定律，如果得到的大于付出的，也会让人心理失去平衡。因为这会使人感到无法回报或没有机会回报对方，而在心里感到愧疚，感到欠对方的情。这种心理负担会使受惠的一方只好选择疏远。

所以，在人际交往中，要有所保留。初入社交圈中的人容易犯一个错误，就是"好事一次做尽"，以为自己全心全意为对方做事，会使关系更融洽、密切。事实上并非如此。因为人如果一味接受别人的付出，心理会感到不平衡。所以不要把好事一次做尽，要留有余地，或者给对方回报的机会。

第二个不良后果是，对对方过好，会令对方对这种恩情感到麻木，时间长了，就不觉得你对他有多好。中国俗话说"一斗米养个恩人，一石米养个仇人"，说的就是这个道理。就是说，你对别人适度地好，对方会感激你，也会回报你；如果你对对方过好，对方时间长了对方也就麻木了，倘若你某一次达不到原来的标准，反而会引起对方的不满，反而得罪了他。用通俗的话说，就是把对方给惯坏了。

这在父母对孩子的教育中经常可以看到。俗话说，棍棒底下出孝子。如果你对子女过好，会让他习以为常，觉得理所当然，一旦将来让他独立解决困难，他就觉得你对他太不好了。还怎能指望他孝敬你呢？

夫妻之间也是如此。有时，妻子对丈夫太好，生活上照顾得无微不至，什么事都对他百依百顺，反而让对方轻视你的感情。因为人们对于太容易得到的东西，就不懂得珍惜了。而对方对你付出的不珍惜，反过来可能引起你的怨恨，结果在感情上就形成了恶性循环，很不利于夫妻感情的健康发展。所以，在爱情关系里面，一个人不要只求付出，不求回报，而应该适当地向对方提出索取的要求，以保持感情付出的平衡。

在公司里面也有这个规律。有的老板一开始比较仁慈，给员工较高的工资。可是市场风云变幻，后来生意发展不顺利，公司财务吃紧，只好又降低员工的工资，而这往往会导致了员工的抱怨。作为老板，应该在开始的时候就避免过于乐观，不能把员工工资定得太高，因为你提高他的工资他高兴，你一旦降低，他就怨你，人大多如此。为了鼓励员工的积极性，可以许诺年底的奖金，但那要以公司经营状况良好为前提。

第三个不良后果，就是容易让别人觉得你心太软，不怕你，对你无所忌惮。生活中并不是所有的人都是善良之辈，所以让自己有点威严，可以更好地保护自己，也让自己更有影响力。如果你总是对别人太好，就会让人觉得你善良而软弱，容易利用。尤其是作为领导，一定要懂得恩威并施的手段，既要有软的一面，也要有硬的一面。

对人先抑后扬更易得到好感

战国的时候，宋国有一个养猴子的老人，他在家中的院子里养了许多猴子。后来，这个老人和猴子竟然能互相讲话了。

这个老人每天早晚各给每只猴子四颗栗子。几年之后，猴子的数目越来越多，他就想把每天喂的栗子由八颗改为七颗，于是他对猴子说："从今天开始，我每天早上给你们四颗栗子，晚上给你们三颗栗子，不知道你们同不同意？"猴子们听了，不能接受，于是就吱吱的叫，而且还到处跳来跳去，非常的不愿意。

老人一看到这个情形，连忙改口说："那么我早上给你们三颗，晚上再给你们四颗，这样该可以了吧？"猴子们听了，就高兴地在地上翻滚起来。

其实老人给猴子的栗子数量没有变，只是给的方法变了：一是先多后少，一是先少后多。那么猴子为什么对前者不满意，对后者却感到满意呢？

原来这是受到心理学上一个独特的心理规律支配的。心理学家发现，在对别人进行肯定或否定、奖励或惩罚时，并不是一味地施行肯定和奖励最能给人好感，也不是一味地施行否定和惩罚最能给人恶感；事实是，先否定后肯定，能给人最大的好感，而相反，先肯定后否定则给人的感觉最不好。

美国心理学家阿伦森·兰迪做过一个实验。他把被试者分为4组，施行不同的措施，结果也不同，分别如下：

对第一组被试者始终否定（-，-），被试者不满意。

对第二组被试者始终肯定（+，+），被试者表现为满意。

对第三组被试者先否定后肯定（-，+），被试者最满意。

对第四组被试者先肯定后否定（+，-），被试者表现为最不满意。

这种心理规律，在现实生活中很普遍，平时人们所说："磕一千个头后放一个屁，效果全无"，"有一百个好，最后一个不好可结成冤家"，就是这种规律的反映。

也许我们会想到前面讲的近因定律，但这个定律比近因定律还多了一层意思，就是：先否定，后肯定，有一个对比的效果，比单纯肯定更给人好感；而先肯定，后否定，也因为有个对比的效果，要比单纯的否定效果更糟糕。

我们把这种先否定后肯定，先抑后扬给人最好的心理感觉的规律，叫做"欲扬先抑定律"。

某汽车销售公司的老李，每月都能卖出 30 辆以上的汽车，深得公司经理的赏识。可是这个月生意却不太顺利，由于种种原因，老李预计当月只能卖出 10 辆车。但是老李很懂心理学，他先是跟经理说："由于银根紧缩，市场萧条，我估计这个月顶多卖出 5 辆车。"经理点了点头，对他的看法表示赞成。没想到一个月过后，老李竟然卖了 12 辆汽车，公司经理对他的业绩大大夸奖了一番。

如果老李一开始说本月可以卖 15 辆，或者事先不说自己的预计，结果只卖了 12 辆，公司经理的感觉可能就完全不同，他可能觉得老李做得太失败了，不但不会夸奖，反而可能批评他。老李就是采用欲扬先抑的方法，先降低别人的心理期待，再超出他的期待，就能给对方以好感了。

有一位著名的导演，也很懂得利用这个心理规律来激发下属——演员的积极性。这个导演素以要求严格著称，因此一般的演员都比较怕他。但是这个导演也很善于发掘演员们的潜力。他总是在工作的开始阶段，冷着脸，让演员们看见就害怕，非常担心演不好，达不到他的要求。这迫使演员付出最大的努力，发挥出最好的水平。而当导演对演员感到满意时，就露出灿烂的赞许的笑容。这种难得一见的笑容对演员形成了极大的鼓舞，甚至有一位演员说，导演的笑容就是他演好的最大动力。

营造交际氛围有利于交际

有一次，一位专家应一个学术会议之邀，作一个讲座。然而他到了会上才发现，到会人很少，只有十多人。他有点尴尬，但不讲又不行，于是他随机应变，说："会议的成功不在人多人少，中共第一次党代会才到了12人，但意义非同小可。今天到会的都是精英，因此我更要把课讲好。"

这句话把大家逗得开怀大笑，这一笑，激活了气氛，再加上专家讲课充满激情，使得那一次讲座非常成功。

人际交往就如同舞台上的演出，为了演得成功，不仅需要很好的台词、演技，还需要一种看不见、摸不着，却必不可少的——氛围。就像电影中，要有背景音乐来渲染气氛。在人际交往的场合，也往往需要营造点氛围，好像交际的润滑剂，使交际能顺利地进行下去。

比如在演出和演讲的现场，气氛就非常重要。气氛热烈，听众、观众爆满，才容易促成演讲或演出的成功。如果没有营造出比较热烈的气氛，显得冷场的话，无论你的演讲内容多么精彩，恐怕也会成为失败的演讲，不能达到很好的宣传效果。而当场面不理想的时候，演讲者或演员如果能像上面故事中的临机应变的专家那样，进入角色，投入激情和技巧，给听众、观众一个积极刺激，就可以将冰冷的气氛激活。

生活中在许多场合下都需要有一定气氛做衬托。

有的商人请客或赴约，总喜欢带一个漂亮的女助手前往，就是为了依靠女人的美丽与温柔，给交际场增添一点情趣，营造一种融洽的氛围。

在交际活动中，如果把交际桌看成是会议桌，气氛就很难营造起来，也无法让对方投入。想让对方投入，一般需要靠自己的带引。

有一种生意人，他们可以在会议桌上非常严肃，非常理智，然而，一旦到了社交场合，却又能放得很开，与人斗酒，唱卡拉 OK，开各式各样的玩笑，一副百无禁忌的样子。其实，他是在营造气氛。

生意场的交际活动，既是正式会议的延伸，又不等于正式会议，也取代不了正式会议，然而，它却能起到正式会议所难以起到的作用。在交际场上和会议桌上都能做到应付自如的，才算得上是一个能力比较全面的商人。

气氛也常常由物品来营造。比如春节前夕，人们看到家家户户贴的春联，便会泛起一股欢快感。商家的门面在开张时，总要挂满彩旗，摆满有关单位和亲朋好友、捧场人所赠的花篮（其中许多是自己买或租的，写上别人的名字以显气派），门口站满花枝招展、披着缎带的迎宾小姐，有的地方还允许放鞭炮，在声、色上营造气氛。

商家就是用这种手段来招徕顾客，引人注目，以达到广告效应。其实，婚、丧、嫁、娶仪式，会议召开的宣传，都需要营造相应的气氛。这样除了为表达自己的某种心情外，更多的是给他人看，起到一种变相的广告宣传的作用。

在两性的交往中，气氛对于男女感情的发展也是很重要的。性心理学告诉我们，一定的色彩、气味、环境或形象、声音，能快速引发人的情欲。一般说来，情侣们都喜欢到幽雅、安静的地方交流，例如选择公园的一个角落，幽静的丛林中，树荫下的石椅或溪边的绿茵上。因为那里直接接触大自然，让人心旷神怡，容易唤起对生命的热爱和对美好人生的向往，双方可以尽情地倾吐心声。更亲密的情侣，则选择在幽雅的咖啡馆、酒吧或茶艺馆，原因是那里灯光柔和，伴有轻柔、优美的音乐。几杯香茶，几盅葡萄酒或两杯咖啡下肚，便会催起一股浓情与爱意。

异性之间更容易相处

赵女士是某公司公关部经理。她人脉很广，出师必胜，为公司做了很大贡献。公司的原料奇缺，材料科的同志四处奔走，连连碰壁，而赵女士一出马，不久问题便迎刃而解。公司资金周转不灵，急需贷款，急得总经理像热锅上的蚂蚁。而赵女士周旋于银行之间，没多久，就获得贷款上百万元。赵女士因此得到了领导的格外器重。

有人笑说："女将出马，一个顶俩。"而人们仔细观察就发现，赵女士成功的秘诀，有两方面的原因：首先，她具有清醒的头脑、敏捷的口才、丰富的知识和阅历，接物待人也比较灵活。此外，她的成功其实也和她端庄的容貌、娴雅的仪表有很大的关系。可以说，富有女性魅力的外表为她加分不少。

心理学上有一个定律叫做"异性定律"，说的是人和人之间"同性相斥，异性相吸"的现象，以及这种现象对社会交往产生的微妙影响。

我们都知道，人们一般对异性更加感兴趣，特别是对外表漂亮、言谈得体的异性，最容易产生好感。

在日常生活中，我们可以看到男营业员接待女顾客，要比接待男顾客热情些。一般人们对异性的评价，也总是不太客观地比同性高些。这些都是异性对我们的吸引力比较大的缘故。

那么赵女士成功的原因就不难理解了，当今的社会还是一个男性占很大优势的社会，外出办事多数要和男性打交道。有的事，由比较有魅力的女性出面，可能办起来会更为顺利。这就是因异性独特的吸引力导致的。

生物学家发现，异性之间的相互吸引，气味在其中扮演了重要角色。

在宇航员、野外考察人员或男性工种较单一的职业中，时间长了，其工作人员会产生一种莫名其妙的头晕、恶心和浑身不适感。这种状况用药物治疗往往无效，但在与异性接触后，就会很快得到缓解。原来，这种"病症"是性比例失调严重，异性气体极度匮乏的结果。所以，目前一些国家在派往南极的考察队员中，往往有意识地安排一些女性介入，是有其良苦用心的。

我们还听说过："男女搭配，干活不累。"在一个群体中，有男有女，和单独一种性别的群体，有一些微妙的差别。无论男性或女性，长时间从事某一单调工作时，会感到寂寞、疲劳来得快，而增添了异性后，马上会觉得很快活，时间也感觉过得很快，工作也感到轻松多了。

如果对异性定律进行合理的利用，可以让许多事情达到事半功倍的效果。异性掺杂在一起，往往有以下好处：

1. 取长补短，完善个性。男人一般性格开朗、勇敢刚强、果断机智，不拘泥于细节，不计较得失，行为主动。而女人往往文静怯懦、优柔寡断、感情细腻丰富、举止文雅、灵活、委婉，性格比较被动。男女在一起，能够进行优势互补，同时容易发现自己的缺点，并完善自己。

2. 增强凝聚力。男女搭配，可以使一个群体的成员增强感情依托感，增强友谊、荣誉感和凝聚力，从而提高工作效率。

3. 增强推动力和约束力。人总是想在异性面前表现自己最好的形象，因为得到异性青睐是我们的巨大动力。男女在一起，就容易激发出各自最好的表现，各显其能，发挥出最大的能力，同时有一种内在的心理约束力，来规范自己的言行。

不过"异性定律"也不能滥用。女性外表漂亮，讨人喜欢，如果再加上交往得当，在异性面前办事容易，这是正常的；但是，如果为达到某一目的，用色相去引诱别人，就不道德了。男性对异性，尤其是年轻漂亮的异性热情些、客气些也无可非议，但把异性当作刺激，想入非非，让人感到"色迷迷"的，就超过限度了。因此，与异性交往要把握住"度"。

人心如面，各不相同

　　人心不同，各如其面，形形色色的人构成了丰富多彩的世界；而对不同人的接受与包容，是心理成熟的一种表现。

　　人格是个人所具有的主要和持久的心理特征的总和，是由各种人格特征统合而成的有组织的心理模式。人格是社会化的结果，是在个人的遗传、环境、学习和实践等的相互作用下形成的。人格具有独特性和统一性。世界上没有两个人的人格完全一样。即使是同卵双生子，对同一事物，各人的观点和行为也不会一样。

　　当然，人格也有共同性，使人们对很多事都有共同的情感，共同的价值观和相近的态度等。没有这种共性，也就是一个人在内心世界和行为方式上与他人毫无共同点，那就不是人格，而成了"兽格"了。同样的道理，没有自己独特的个性，与他人一模一样毫无差别，这样的人也不能获得独立的人格。人格是共性和个性的统一。

　　有这么两个人，性情爱好各不相同，却同住在一间屋子里，常常为一些事情争论不休。

　　一天，甲从外面回来，由于在外面赶路觉得燥热，一进门便嚷着屋里太闷太热，随手将门窗全都打开。乙在家呆了一天，哪里也没去，正觉浑身寒冷，便责怪甲不该打开门窗。两个人互不相让，一个要开，一个要关，一个说闷，一个说冷，为一点小事闹了好半天，都认为只有自己才是对的。

又有一次，乙从集市买回一只纸糊的灯笼，一进门便遭到甲的反对，甲责怪乙没买绸罩的灯笼，他认为绸罩的灯笼又好看又高贵；乙则说纸糊的灯笼点亮后一样漂亮，价钱却要比绸灯笼便宜好多。甲说纸灯笼便宜但不如绸灯笼耐用；乙说买一只绸灯笼可买十只纸灯笼；甲说宁买一只绸灯笼也不要十只纸灯笼；乙说十只纸灯笼可变换花色品种……公说公有理，婆说婆有理。

俗话说，人心如面，各不相同。这个世界上的人形形色色，没有任何两个人的人格特征完全相同。

比如在日常生活中我们常看到，有的人谦虚好学，有的人狂妄自大；有的人公而忘私，有的人自私自利；有的人喜怒形于外，有的人则遇事不动声色；有的人和蔼可亲，有的人蛮横无礼。而故事中的甲和乙，不过是性格正好相反的两个人凑到了一起。但是性格不同是不是一定意味着矛盾和争执呢？

其实大可不必，我们既然理解了人和人本来就不同，就应该放开心胸，不必强求别人和自己一样。在一些非原则性的小事上强求别人，其实是在自寻烦恼。如果都像甲和乙那样，只从自己的角度看问题，固执己见，强人所难，我们的生活将不得安宁。和不同性格的人求同存异，和睦共处，是一种处世艺术。

第五章

为人处世直接反映内心活动

各司其职，各尽其责

这个社会上，对于各种社会角色有不成文的规范，谁不遵守这个规范，就会在社会生活中举步维艰。

"角色"，原是戏剧、电影中的名词，指剧本中的人物。在戏剧、电影中，角色是独立于个人而存在的，它有两层含意：

第一，不管是谁，只要他担当某一特定角色，他就要按照这个角色的行为规定来行事；

第二，扮演某一角色的演员会消失，但这个角色一直存在，即使这个演员不存在了，将来别的演员仍然可以扮演这个角色。

人际关系心理学的角色概念，就是借用这种含义，表明在一定社会关系中某种地位所规定的一套行为模式。人类社会犹若一个天然大舞台，人类社会的种种活动都可以说是一种社会剧。每个人都在这"社会剧"中担任一种或数种职务，按照一定的行为模式，扮演着自己的角色。各司其职、各尽其责，串演着一出出绚丽多彩的社会活剧。

卫国有户人家娶媳妇。婆家借来两匹马，加上自己家里的一匹，用三匹马驾着车，吹吹打打、热热闹闹、十分隆重地去迎接新娘子。到了新娘家，迎亲的人将新娘子搀上马车。一行人告别新媳妇的娘家人之后，就赶着马车往回走。

不料，坐在车上的新娘指着走在两边拉车的马问赶车的仆人说："边上的两匹马是谁家的？"驾车人回答说："是向别人家借来的。"新娘又指着中间的马问："这中间的马呢？"驾车人回答说："是你婆家自己的。"新娘接着便说："你如果嫌车走得慢，要打就打两边的马，不要打中间的马。"驾车人有些奇怪地看了看这位新媳妇。

迎亲的马车继续前进，终于到了新郎家。伴娘赶紧上前将新娘扶下了车。新媳妇却对还不熟悉的伴娘吩咐说："你平时在家做饭时，要记住一做完饭就要把灶膛里的火熄掉，不然的话会失火的。"那位伴娘虽然碍着面子点了点头，心里对这个新媳妇的多嘴多舌不太高兴。

新媳妇进得家门，看到一个石臼放在堂前，于是立即吩咐旁边的人说："快把这个石臼移到屋外的窗户下面去，放在这里妨碍别人走路。"婆家的人听这个新娘子的话没有分寸又讲得不是时候，都不免在心里暗暗发笑，认为新娘子未免太爱讲话又太不会见机讲话了。

其实，这新媳妇所说的三件事，对婆家来说都是有好处的。可是她刚踏进婆家门就俨然以主妇自居、多嘴多舌，这种做法却引起了旁人的反感。

通过这个故事，我们可以体会到，一个人说话、办事，首先要考虑自己所处的位置，再根据这个位置的要求来说合适的话，做合适的事。如果不顾时机、不分场合，不顾自己的社会角色，即使是好话、好事，也得不到应有的重视，甚至会引起别人的讥笑。

开放性的社会系统，是一种社会角色的网络结构。社会是角色系统，个人是角色系统中的子系统，社会就是由角色构成的一根连续的"链条"，每个人都是这根链条中的一环。一根链条，只要其中的一环出了毛病，整个的运转就会受到多米诺骨牌似的影响。这就像戏剧中的生旦净末丑，只要一个角色越俎代庖，比如生演成丑，全剧就得乱套。因此，想要得到人际关系的和谐，每个成员都得留意自己此时此地的角色规范。

在人类社会里，个人与个人之间的相互作用，绝不是简单的相互间的刺激与反应，而必须为一定的角色规范所导演。角色规范是公认的，大家共同掌握的，而不是个人单独创造的。角色行为中的角色规范成份，使他人能够了解你的角色动机、角色情绪乃至个性特征，并做出相应的反应。

故事中的新娘子，就是没有意识到自己作为新媳妇，应该遵守哪些行为规范，而做出了好像进门很久的媳妇做的事。新来乍到，毕竟还算不上这个家庭的主人，就俨然以主人自居，管东管西，显得很可笑。尽管社会上的人千差万别，所扮演的角色不尽相同，但由于角色规范的存在，指示着人们需要满足的方式和提出相应的行为目标，使个人了解应该做什么和不应该做什么，从而才能使社会机制得以正常运转。否则，人类就会成为一盘散沙，社会也不成其为社会了。

要扮演好不同的社会角色

每个人都扮演不止一个社会角色，而这些角色之间有时会发生冲突，能否处理好这种冲突，决定了我们社会角色扮演的成功与否。

每个人都要在社会中扮演属于自己的社会角色。当个人在所履行的两个或多个社会角色之间或角色与人格之间，有难以相容感，就发生了角色冲突。角色冲突也可发生于个人遭受来自不同群体的不可调和的压力，或出现在角色定位模糊之时。角色冲突可导致焦虑、紧张、苦恼、效率下降，或使个人为解决冲突而从一个或多个不相容的角色中撤退，重新定位或通过协调减轻对立诸方的压力。

维多利亚女王一次和她的丈夫吵了架，丈夫生气闭门不出。女王来敲门，丈夫问："你是谁?"

女王理直气壮地回答："英国女王。"屋里没有声音，女王又敲门，声音平和了一些："我是维多利亚。"里面仍是悄然无声。最后女王柔情地说："亲爱的，开门，我是你的妻子呀。"门悄声地开了。

这个故事告诉我们，不要时刻惦记着你的地位和权力，每个人在不同时候要扮演不同的角色。

人的一生会扮演各种角色：领导、职员、父亲、母亲、丈夫、妻子、儿子、女儿……角色与人的心理健康密切相关，当他（她）成功扮演各种"角色"时，既满足了社会的期望，也满足了个人的需求，所以他（她）能过正常的生活。反之，那些不能胜任各种角色的人，则很可能在不同的生活处境中遇到困难，其中经常碰到的就是不能适应不同角色冲突带来的麻烦。

如果我们不能在需要的时候，自如地转化自己的角色，那么无论在心理上还是在行为上都会感到不自在。换言之，为了使日常的人际关系特别是工作中的人际关系更为融洽，这种能力是不可或缺的，即敏锐地观察出我们在各种情境下应扮演的角色并做出相应的角色行为。尽管在大多数情况下角色转换会自发进行，但为了有备无患，我们还是多加注意为妙。

角色冲突是使人紧张的一个源泉。研究证明，总是生活在角色冲突中的人，会心率加快、血压增高。美国社会心理学家米德把这种现象称之为"角色紧张"。角色紧张对社会及个体的身心健康都非常有害。消除角色冲突，可以采取如下几项具体方法：

学会角色换位。考虑和处理问题时，不要老是站在自己的角色的位置上，而应当换个角色位置，即站在他人角色的立场，"将心比心"、"设身处地"地体验不同于自己的别的角色的需求、遭遇和感受。比如丈夫站在妻子的角度，妻子站在丈夫的角度，下级站在领导的角度，领导站在下属的角度，这样自然就能消除角色冲突，保持人际关系的和谐。

搞好角色调度。不同的角色有不同的权利与义务。我们在角色转换后，应当及时对所承担角色的权利与义务有明确的认识，对该角色应有行为做出清晰的理解，以求顺应变化，尽早进入新角色，转换角色行为。

避免角色混同。角色的权利与义务是各不相同的，不能混为一谈，应当区别对待。如在异性交往中，男性要把妻子、女朋友、女同事区别开来。同样道理，女方也要把丈夫、男朋友、男同事区别对待。如果将这种种异性对象混同为一种角色，那就会出现很多矛盾和冲突。比如，在单位时是领导，习惯于发布命令、指挥别人，但回到家里，履行作为丈夫和父亲的职责，就不能一味严肃正经。

碰见认识的人比想象中要容易

有一天，一个未过门的女婿准备去拜见丈母娘。他路过一家食品店，看见一条长蛇般的队伍延伸而出，原来是人们在排队购买脱销已久的一种名牌火腿。他忽然想起，"心上人"不是说她妈妈最喜欢用火腿煮汤喝吗？何不买几个，去讨她老人家的欢心呢？于是，他使出浑身解数，插到了队伍的前边。一位大娘看不惯，批评了他几句。他恼羞成怒，脱口便骂，把那个大娘气得怏怏离去。他心里想，反正茫茫人海，谁也不认识谁。

当他提着火腿，敲开"心上人"的家门时，一下子惊呆了，原来开门的正是那位大娘。他这才明白，他刚刚得罪的那位大娘就是他未来的丈母娘！

你是否有过类似经历，就是在某一时间、地点，碰上一个绝对想不到会碰上的人？

有时现实生活中就是会发现这样巧的事情，本来"陌路相逢"，自以为会"分道扬镳"，谁料又"殊途同归"了。还有的时候，你在一个陌生的角落遇到一个陌生的人，闲聊几句后竟然发现你们有一个共同的熟人，于是你不由感叹：世界真小！

其实这个世界本来就没有我们想象的那么大。而我们通常以为碰见认识的或者有关联的人，不是那么容易。事实上，这种事情的发生比我们想象的容易得多。这就是社会心理学上的"小世界定律"。

美国有人分析，如果随意挑出两个美国人来，例如：罗伯斯和约翰，那么，他们相识的可能性只有二十万分之一。但是罗伯斯认识某人，某人又认识另一个人，另一人又认识约翰，这种可能性却要多达一半以上。这就是社会心理学中所谓"熟人链效应"。这条"熟人链"无始无终，如同经纬线一样网罩着整个地球。社会生活中的每一个人，都是这"熟人链"上的一环。

长时间以来一直流行着一种通俗心理学理论，认为世界上任何两个人只要通过五六站中间关系，就可以属于一个共同的熟人圈。或许你没有想到你会成为朱丽娅·罗勃茨或爱斯基摩人的熟人吧？只要你尝试，通过熟人的熟人的熟人的介绍，最多不会超过五六站这样的熟人链，你就会成为世界上任何一个角落里，任何一个人的熟人圈子里的一员。

英国伦敦《卫报》记者 AdamLuck 想写一篇题为《中国时尚——性爱都市》的文章，想要采访最近在互联网上风头很盛的广州女郎木子美。AdamLuck 先联系到了他的一个北京朋友 L，L 恰巧认识木子美在美国的高中同学 W，通过 W 找到了木子美的好朋友 M，M 答应帮朋友一个忙。据说，通过这个渠道，AdamLuck 顺利地联系到了远在广州的木子美。

我们发现，将世界两端毫不相干的人联系起来竟然只需要短短几步。只要抓住几个关键人物，信息就能迅速地大范围传播开来。

在唐代，古人借长江三峡急流放舟，"千里江陵一日还"已使李白惊叹不已；而今天，现代交通工具使大洋彼岸有数万里之遥的美国，不用一天就到。电子计算机的网络和终端设备，还使你只需把高见输入电脑，"地球村"里的任何一个需求单位及"公民"立即就能"近在眼前"，进行"疑义相与析"的工作。

现在，世界上任何地方发生的事情，都可以在瞬息之间传播到任何别的地方，就如从一个村庄的东头传到西头那么容易、那么迅速，甚至更容易、更迅速。由于"地球村"的出现，传统的时、空观念受到了冲击，普通人的视野第一次真正地超过了国界的限制，遥远而神秘的异国他乡已变得近在咫尺。生活在现代社会中的你，是这个"地球村"里的一位"村民"。"熟人链效应"在这个"地球村"里，在整个"开放的宇宙"里，其活动和作用的范围是大可任君想象的了。勿庸置疑的是，现代社会比以往任何时候都显得更为灵活、开放。社会系统的开放性，使如今的世界变成了一个"地球村"。世界上任何地方发生的事情，都可以在瞬间传播到任何别的地方，就如从一个村庄的东头传到西头那么迅速。这也使得人与人之间取得联系变得空前容易。

熟人链效应告诉我们，既然人和人这样容易"联系"上，那么我们搭建自己广泛的人脉网，就不是很难的事。当我们拥有一个广泛的人脉网，在生活中、工作中，当然会很容易得到朋友们的帮助。

人们说，在今天的社会里，人脉资源是一种潜在的无形资产，是巨大的财富。"30岁前靠专业，30岁后靠人脉"，"永远不要靠自己一人花100%的力量，而要靠100人花每个人1%的力量"。

马克思有句名言："人的本质就是社会关系的总和。"这句话也说明，你的人脉网越大，你的能量就越大。

卡耐基说过，一个人事业的成功，80%归因于与别人相处，20%才是来自于自己的心灵。人是群居动物，人的成功只能来自于他所处的人群及所在的社会。只有在这个社会中游刃有余、八面玲珑，才可为事业的成功开拓宽广的道路。没有非凡的交际能力，免不了处处碰壁。总之，扩展你的熟人链，会对你大有好处。

社会学家马克·格兰诺维特尔 1974 年发表了一篇研究论文《找到一份工作》，其中他采访了几百名技术工作者，记录了他们的就业经历，发现有 56%的被调查者是通过个人关系介绍找到工作的，其他 20%是通过自己申请求职找到工作的，约 18.8%的被调查者是通过猎头公司等渠道找到工作的。比如，新近失业的 A 在路上遇到了一年难得一见的熟人 B，两人聊起最近的生活情况，A 对 B 说自己正想找一个软件程序员的工作。B 突然想起了大学同学 C 在一次聚会上提到他们公司正在招聘，于是将 C 的电话和电子邮件告诉了 A。最后，A 通过 C 应聘到了他们公司。

总之，不要小看了那些一年只有一两面之交的"半生不熟"的人，他们在信息传递过程中往往有意想不到的作用。

用品德的力量征服他人

人并不仅仅具有自私的品性，人同时具有高尚的道德感，这体现了人性的对立和统一。

从心理学角度讲，道德感也是一种"思维的知觉"，主要的体现就是人们对事物的主观判断。

我们所说的道德感，指的是人们从道德原则出发，从社会所规定的道德范畴出发来认识客观现实的各种现象时，所体验到的情感。人所感受的这种或那种道德感，反映着（以一种独特的形式）其社会根源的复杂性。人有着各种不同的体验，然而，只有当一个人体验到的道德标准对于他，是一种比起只是从表面上限制他的愿望和意向更为重要的东西时，他的情感才能成为道德感。这些标准在他的意识中是以某种他必须服从的东西的面貌出现的。

在这种情况下，道德标准（如"要帮助处于困境中的人"，"要尽力为国家造福"，"做一个正直的人"），已经不只是一种不管你愿意不愿意都应当服从的异己力量，而成为人所自然接受的法则，成为在触及到他的道德意识的一定情景中采取一定态度或行为的动机。这也说明道德感体验本身的这个特点已经成为这个人的重要组成部分。

汉顺帝的时候，出了一位有名的清官，名叫苏章。他为官清正、公私分明，从来不因自己的个人利益而冤枉好人、放过坏人，深受百姓的爱戴。

有一年，苏章被委任为冀州刺史。上任伊始，苏章便认真地处理政事，办了几件颇为棘手的案子。可是有一天，却发生了一件令苏章头疼不已的事情。

苏章发现有几个账本记的含混不清，不由得起了疑心，就派人去调查。调查的人很快呈上了报告，说是清河太守贪污受贿、数额巨大。苏章大怒，决心马上将这个胆大妄为的清河太守逮捕法办。可是当他的目光停留在报告上清河太守的名字上时，不由得呆住了。原来这个清河太守就是他以前的同窗，也是他那时最要好的朋友。那时两人总是一桌吃、一床睡，形影不离，无话不谈，简直情同手足。真是没有想到这个朋友的品行竟会堕落到这种地步，苏章感到非常痛心。同时，想到自己正在处理这件案子，怎么能对老朋友下得了手呢？苏章又感到十分为难。

而那位清河太守知道自己东窗事发，惊恐万分。但是他听说冀州刺史是自己的老朋友苏章，又开始心存几分侥幸，希望苏章能念及旧情，网开一面；同时他对于苏章清廉的名声也有所耳闻，所以拿不准苏章究竟会怎样对待自己，因而感到惴惴不安，惶惶不可终日。这时，苏章派来了手下人请他去赴宴。

苏章一见老友，忙迎上去拉着他的手，领他到酒席上坐下。两个人相对饮酒说话，痛痛快快地叙着旧情。酒席过程中，苏章绝口不提案子的事，还不停地给老友夹菜，气氛很是融洽。这时候，清河太守心里的一块石头终于落了地。他不禁得意地说道："苏兄呀，我这个人真是命好，别人顶多有一个老天爷的照应，而我却得到了两个老天爷的庇护，实在是幸运啊！"

听了这话，苏章推开碗筷，站直身子整了整衣冠，一脸正气地说："今晚我请你喝酒，是尽私人的情谊；明天升堂审案，我仍然会公事公办。公是公，私是私，绝对不能混淆！"他的朋友一听，不禁傻了眼。

第二天，苏章开堂审案，果然不徇私情，按照国法将罪大恶极的清河太守正法了。

道德感是在人的行为不是出自"自我意志"的动机，而是出自社会要求的时候产生的。由于社会对于人的教育过程的影响，社会对于人的行为的要求转入到个人意识中来，逐渐变成人对于自己本身提出的要求。譬如故事中的苏章，他的道德感来自于对国家的忠诚，对自己职责的责任感。这些不是生来就有的，而是他在受教育过程中学到的，在长期的个性发展过程中，已成为他自己个性的一面。

当利己主义情感和动机与道德感发生冲突时，希望保持自己的安逸的生活和习惯了的生活方式的愿望，可能"暗示"人不去干预他认为不合理的事情，因为这样做很可能给他招来一些麻烦。对苏章来说，不处罚自己的朋友，可能让他在个人情感上感到更坦然，更让人觉得他是顾及情面有人情味的人，从而能给他带来更多的朋友。但是这样做对国家有害，违背了他根深蒂固的职业道德观念，他只能舍前者取后者。

一个人可能由于性格脆弱而没能去做道德义务提示他去做的事情，这会引起他在道德感方面的不满、不安和内疚。道德感强的人，会由于战胜了自身的利己主义、自私自利，而感受到道德上的满足。

道德动机的规律性

天真无邪的幼童，一看见新奇的玩具就要，想吃东西就动手去抓，他才不在乎该不该要呢。平时，你只要留心观察儿童作游戏就会发现，两三岁的孩子虽然表面上在一起玩，但实质上却没有游戏规则和合作精神，而是随心所欲，各行其是。可是，到了一定的年龄，儿童就会变得文质彬彬，知道什么该要什么不该要，玩弹子，跳皮筋都有一定的"规章制度"了。

儿童从"无法无天"到"循规蹈矩"，从自我中心到有道德观念的社会人的过程，就叫道德社会化。

当代著名心理学家皮亚杰认为，儿童的道德判断和智力是并行发展的，属于认识发展的一个阶段和一个方面。他把儿童的道德发展分成他律性道德阶段和自律性道德阶段。

皮亚杰为了了解儿童的道德认知发展，设计了一系列有关小孩的笨拙行为和偷窃事件的二难故事，要求小孩判断故事主角的好坏程度，并说明理由。

其中有这样两个故事：有个叫杰思的孩子，他妈妈叫他去吃饭。他进饭厅时，不知道他妈妈在饭厅门后的椅子上放有一个盘子，所以他推门时把盘子里的15个杯子全部打碎了。另有一个叫思瑞的孩子，当他妈妈不在时，他想吃放在碗柜里的果酱。由于果酱放得高，他没有办法拿到，他就试了很多次，在这个过程中，他把一个杯子碰落在地打碎了。

讲完上述两个故事后，他就问受测验的小孩：上述的两个男孩哪一个比较坏？

结果是，一般说来年龄小的孩子会认为，打碎 15 个杯子的男孩比较坏。这是因为他们对行为的道德判断，只看结果，不看动机，只看打碎杯子的多少，而不看为什么会打碎杯子。这说明他们的道德观念还处在他律阶段，属于客观取向。

而 7-8 岁的孩子就不一样了。这个年龄的孩子，有的开始认为打碎一个杯子的男孩比较坏。他认识到第二个小孩虽然只打碎了一只杯子，但他是因偷果酱吃打破的。这就开始把行为的后果和行为动机及意图结合起来考虑了。这说明他的道德观念已发展到自律阶段，也就是道德评价转为主观取向。

而对错误行为的处罚，孩子们是怎样看待的呢？

处在他律性道德阶段的幼童，一般会认为：一个人犯了错误应该给予处罚，而任何可以使他痛苦的方式都可以，比如打骂、不给玩具、取消零用钱等等；并且这些处罚方式可以和所犯错误的类型和程度无关。

而进入自律性道德阶段的比较大点的孩子，则认为处罚方式应该结合错误的性质和程度，以便使受罚者能清楚地认识到他的错误所在。如打碎邻居的玻璃，他应该挪用自己的零用钱去赔偿，游戏时殴打他人，就该不允许他继续玩。

总之，无论是从道德的判断和对处罚的看法，都证明道德的自律是比他律更高级的阶段。这在成人世界里也是如此。一个不敢去做坏事的人，和被动去做好事的人，只能算作普通人；而一个自觉不违犯道德、主动去做好事的人，才算是一个好人。

有缺点的人有时会更可爱

美国心理学家阿伦森发现，一个能力非凡而又完美无缺的人的吸引力，远不如一个能力非凡但身上却有着常人的缺点的人。

这恐怕是人们认为太完美反而缺失人情味，倒不如有个性棱角、有小毛病的人更贴近人性。

人本来就是活生生的、有血有肉、有个性棱角的个体。在"四人帮"时期的文学艺术作品中，有许多"三突出"和"高大全"的人物。其实那种十全十美、不食人间烟火的人，与现实生活严重脱节，根本就不可信，更谈不上让读者喜爱了。实际上，真正的"高、大、全"，本质上往往是"假、大、空"。

生活中有一些看起来各方面都比较完美的人。但是这样的人往往不太讨人喜欢。而讨人喜欢的，却往往是那些虽然有优点，但也有一些明显缺点的人。

为什么会这样呢？这是因为，一般人与完美无缺的人交往时，总难免因为自己不如对方而有点自卑。如果发现精明人也和自己一样有缺点，就会减轻自己的自卑，感到安全，也就更愿意与之交往。你想，谁会愿意和那些容易让自己感到自卑的人交往呢？所以不太完美的人，比缺点很少的人，更容易让人觉得可亲、可爱。

而且从另一个角度来看，世界上不可能存在真正完美、没有缺点的人。如果一个人总是表现得很完美，倒很容易让人怀疑其中有造假的成分。或者说，故意把自己表现得很完美，这本身恐怕就是一个缺点。

追求完美的人，一定活得比一般人更累。而且与他们生活在一起或合作的人，也容易因为被他们要求，而活得比较累。

有一位大龄女青年，具有高等学历，容貌很漂亮，事业上也很有成就。她在方方面面都对自己要求严格，在很多人眼里，可以算一位相当完美的人。当然她在择偶方面的标准也相当高，稍有缺点的就看不上，觉得配不上自己。又觉得婚姻是终生大事，不能马虎，宁可等着，也不能将就。结果，抱着这样的观念，一晃四十了，还是孑然一身。她自己感到很奇怪，像她条件这样好的人，为什么就不能被好男人发现呢？

其实她不知道，也许正是她的"完美"把许多男士吓着了。每个人固然希望自己的对象能具有较多的优点，可是如果这个人真的完美，却也让人受不了。首先会怕自己配不上对方；其次，因为对方要求高，你稍有缺点，他（她）就要求你改正，你肯定会活得很紧张、很累。

如果让人们选择是活得累而完美，还是活得轻松而有缺陷，恐怕大多数人会选择后者。因为我们都知道自己不是神仙，我们认可自己的缺点。

实际上，缺点和优点也要辩证地看。人是一个有机的整体，往往是因为他有这个优点，才导致他有另一个缺点。比如一个慷慨大方的人，可能也有大大咧咧，容易粗心的毛病。一个爱干净、处处完美的人，也容易显得小气和斤斤计较。很多时候，就看你选择什么，放弃什么。往往你选择一个优点，就必须放弃另一个优点。

古人说：水至清则无鱼。接受自己和他人的缺点，往往是一种实事求是，也是一种达观的表现。

人总是容易以己度人

有这样一个笑话。

一天晚上，在漆黑偏僻的公路上，一个年轻人的汽车抛了锚——汽车轮胎爆炸了。

年轻人下来翻遍了工具箱，也没有找到千斤顶。怎么办？这条路半天都不会有车子经过。他远远望见一座亮灯的房子，决定去那个人家借千斤顶。可是他又有许多担心，在路上，他不停地想：

"要是没有人来开门怎么办？"

"要是没有千斤顶怎么办？"

"要是那家伙有千斤顶，却不肯借给我，该怎么办？"

······

顺着这种思路想下去，他越想越生气。当走到那间房子前，敲开门，主人一出来，他冲着人家劈头就是一句："他妈的，你那千斤顶有什么稀罕的?!"

主人一下子被弄得丈二和尚摸不着头脑，以为来的是个精神病人，就"砰"地一声把门关上了。

这个笑话是说，人把自己的想法投射到他人身上，是多么可笑，因为人家未必像你想象的那样。但是，现实生活中，我们总是会不知不觉地拿自己去衡量别人，以为别人和我们一样。

心理学研究发现，人们在日常生活中常常不自觉地把自己的心理特征（如个性、好恶、欲望、观念、情绪等）归属到别人身上，认为别人也具有同样的特征。"投射效应"是一种唯心主义主观臆想。如：自己喜欢说谎，就认为别人也总是在骗自己；自己自我感觉良好，就认为别人也都认为自己很出色……心理学家称这种心理现象为"投射效应"。

宋代著名学者苏东坡年轻时虽然才华横溢，但思想陈腐，故屡遭挫败，不太得志。

苏东坡和佛印和尚是好朋友。一天，苏东坡去拜访佛印，与佛印面对面参禅打坐。实际上苏东坡坐在那里心不在焉。他眯着眼睛，偷偷地看佛印。坐了很长时间，佛印问他：在你的对面你看到了什么？苏东坡看了大师一眼，在他眼里的佛印大师长的黑黑的，又矮又胖。他差点笑了出来，于是对大师说："在我的面前，我仿佛看到狗屎一堆，……大师，你的面前看到了什么？"大师没有改变声色，沉稳地说："在我面前我仿佛看到如来本体。"

这下苏东坡乐坏了，心想：这下我可占到便宜了。我把佛印说成狗屎一堆，而我却像如来本体。他高兴地回到家里，把事情的经过跟他的妹妹苏小妹说了一遍。苏小妹虽然年龄比他小，但却是个聪明的女子。她一听就明白怎么回事了，看着哥哥得意的样子，她大声地说："哥哥，你错了！佛家说'佛心自现'，你看别人是什么，就表示你看自己是什么。你现了眼自己还不知道呢，佛家讲的是心境，你心里想到的是什么，你看到的就是什么，你说佛印是狗屎一堆，其实你就是狗屎一堆；他心里想到你是如来本体，其实他自己就是如来本体……"听到这里，苏东坡恍然大悟，脸顿时热了起来……

心理学的秘密
XIN LI XUE DE MI MI

由于"投射效应"的存在，我们在认识和评价别人的时候，有时会受自身特点的影响，不由自主地以自己的想法去推测别人的想法。我国俗语所说的"以小人之心，度君子之腹"就是这种情况。

有很多时候，人们不考虑别人的情况和自己是否相似，就胡乱推测别人。比如，有时我们和别人交往，感到对方似乎不像以往那么热情，或者没精打采，就怀疑对方是不是对自己有什么意见。

其实对方可能因为身体不舒服，或者自己遇到什么不愉快的事而心情不好，当然无法像平时那么热情，而并不是对你有什么意见。我们不要轻易下结论，而要继续观察观察。

因为，每个人的生活都是一个小世界，我们很难了解其他人的世界里发生了什么事，这些事怎样影响了他的心情和状态。所以我们对别人的表现不要过于敏感，以己度人，疑神疑鬼。

当然我们不否认，有时候的投射是正确的。因为人性有相通之处，有些事情不同的人的确会产生相同的感受。但是，人和人也有不同，所谓"性相近，习相远"。如果任何时候，都从自己的感受去揣度别人，主观想象别人会和自己一样，是经常会发生错误的。

有这样一个故事。有人向一个国王进献了一只珍贵的小鸟。国王从没见过这么可爱的小鸟，非常喜欢，就用金丝笼子把它养起来，天天给他吃山珍海味，给他奏最好的音乐听，让人伺候它的起居，对它进行细心的照顾。没想到的是，没过多久，这只鸟竟死掉了。这是因为，人喜欢的，不一定也是鸟喜欢的。而国王却犯了以己度鸟的错误。

生活中，我们也经常犯类似的错误，以为自己喜欢的就是别人喜欢的，爱把自己喜欢的东西强加给别人。比如妻子喜欢逛商场，以为丈夫也喜欢，就强迫丈夫陪自己逛；家长觉得弹钢琴是好事，想让孩子多才多艺，就逼迫孩子学……

其实每个人都是一个世界，不同的人看到的世界可能是大相径庭的。瑞士精神科医生罗夏曾编制了一种测验人格的方法。他设计了十张墨迹图，有五张是黑白色的，三张是彩色的，另外两张除黑色外，还有鲜明的红色。这十张图片都编有一定的顺序，施测的时候每次出示一张，问被试者："你看这像什么？"或者"这让你想起了什么？"结果是每个人的描述都各不相同。这个有名的实验反映了不同的人看问题角度的不同。

俗语中还有"尔之砒霜，吾之熊掌"，就是告诫我们不要轻易地以己度人。

一般说来，"投射效应"主要在以下两种情况下发生：

一是在对方的年龄、职业、社会地位、身份、性别等等与自己相同的时候。人们总是相信："物以类聚，人以群分"，认为同一个群体的人具有某些共同的特征。因此，在认识和评价与自己同属一个群体的人的时候，往往不是实事求是地根据自己的观察所得到的信息来判断，而是想当然的把自己的特性投射到别人身上；另外，人们总是喜欢评价与自己有某些相同特征的人，总是习惯于与这些人进行比较。但是，人们又不希望在比较中自己总是落败，处于不利之地，而"投射效应"在此正好起了一个保护作用，把自己的特点投射到别人身上，自己和别人就都一样了，没有什么区别。自己不好，别人也好不了。

二是当人们发现自己有某些不好的特征的时候，为了寻求心理平衡，会把自己所不能接受的性格特征投射到别人身上，认为别人也具有这些恶习或观念。成语"五十步笑百步"就是这样的一个例子。自己因为临阵逃脱而觉得难堪，是怯懦的表现，心理很不舒服，突然发现别人比自己逃得更远，便大肆嘲笑，以减轻自己心里的不安。这时候，"投射效应"也是一种自我保护措施。这样做可以保证个人心灵的安宁，但往往影响自己对人和事的正确判断。在这种时候，人们更喜欢把自己所具有的那些不好的特征投射到自己尊敬的人或者比自己强得多的人身上。这样一来，心里的不安就会大减，因为名人尚且不可避免地具有这些特征呢，何况我一个无名小卒？

毫无疑问，人与人之间既有共性，又各有个性。如果"投射效应"倾向过于严重，总是以己度人，那么我们将既无法真正了解别人，也无法真正了解自己。

目标是不可或缺的

曾有教育家做过这样一个实验：让小学生阅读一篇课文。不规定时间，结果用了 8 分钟全班才完成。第二次，规定 5 分钟内必须读完，结果全班同学用不到 5 分钟时间都读完了。

这个实验能给我们什么启发呢？

心理学家告诉我们，人做事情如果事先定一个指标，会有利于这件事情的完成。

让我们试想，一个人随兴所至地去做事和被规定完成指标地去做事，哪一种方式效率更高呢？很多人都会明白，是后一种效率更高，虽然后一种会让人更不舒服。

但是人就是这样，天生有一种惰性，如果随着自己的性子，恐怕人什么都不想干呢。我们必须要认识人的这个本性，在做事时，要尽量避免惰性对我们的影响。

怎样战胜惰性呢？最好的办法恐怕就是做事时给自己规定指标。当然我们一般由别人给自己规定指标，有时没有人规定，最好自己给自己规定一下，否则人就很难避免浑浑噩噩地混日子。

规定任务指标给任务接受者会造成一个心理压力，这个心理压力可以激活你的行动，为了完成这个指标而做出各种努力。这就是"指标定律"。

指标在人生中就是目标。有这样一个故事：

有一个人经过一个正在建筑中的工地，问石匠在做什么，三个石匠各有不同的回答。

第一个石匠回答："我在养家糊口，挣口饭吃。"

第二个石匠回答："我在做最棒的石匠工作。"

第三个石匠回答："我正在盖一座楼房。"

最后，前两个石匠做了一辈子的石匠，而第三个石匠则成为一个优秀的建筑师。

这个故事中，第三个石匠之所以最后取得比较高的成就，是因为他从一开始就给自己定下了成为建筑师的目标。这个目标激励他去努力实现它。当然有目标不一定都能实现，但没有目标肯定什么都实现不了。

美国斯坦福大学做了一项调查——关于目标与人生绩效的关系。通过对一群普通人进行二十五年的跟踪，发现没有目标的人处于社会的最底层；目标模糊的人成为蓝领；目标明确的人成为白领，属于专业人士；目标远大，且把目标写在纸上的，不达目的决不罢休的人，最后成为社会的顶尖人士、各行各业的领袖。

调查显示：目标对人生有积极影响而且极端重要。有了目标，就有了努力的依据，就有了人生的动力。

有许多人，就像一艘在大海中失去方向的船，漫无边际地生活着，不知道未来在那里，只是在原地打转，无奈地挥霍着生命。无聊、空虚的情绪长期占据心灵，自己没有可以倾注热情的事情，白白浪费了光阴。一张纸放在太阳底下不会燃烧，但用聚焦镜把阳光聚在一个点上，纸就会燃烧。人一旦有了目标，生命就开始聚焦。才会在生活中发现新的契机，一步步向理想迈进。

渐进才容易达成目标

如果篮球架有两层楼那样高，那么对着两层楼高的篮球架子，几乎谁也别想把球投进篮圈，也就不会有人去做那犯傻的事。但是如果篮球架跟一个人差不多高，随便谁不费多少力气便能"百发百中"，大家恐怕也会觉得没啥意思。正是由于现在这个跳一跳，够得着的高度，才使得篮球成为一个世界性的体育项目，引得无数体育健儿奋争不已，也让许多爱好者乐此不疲。

篮球架子的高度启示我们，一个"跳一跳，够得着"的目标最有吸引力。对于这样的目标，人们才会以高度的热情去追求它。日本有一个长跑的世界冠军，记者采访他，问他是否有什么秘诀，他说，他在比赛前，往往先视察一下整个路程，把路程中有特点的标志物在心中记下来，作为他长跑中的小目标。找到这样若干个小目标后，在比赛中，他一开始跑，就想着要达到第一个目标，等达到了第一个目标，他就想着要达到第二个目标……这样，他把长距离的路程分成了若干段比较短的路程，心理上就不那么觉得有压力了。这使他更有信心，也发挥得更好。

所谓够得着的目标，要能够看得见。你看得见它，才会觉得它就在不远处，是比较容易达到的。这会给你巨大的信心。

让我们再看一个相反的例子：

心理学的秘密
XIN LI XUE DE MI MI

1952 年 7 月 4 日清晨，加利福尼亚海岸笼罩在浓雾中。在海岸以西 21 英里的卡塔林纳岛上，34 岁的费罗伦丝·查德威克来到太平洋，准备横渡加州海峡。如果成功，她将成为第一个游过这个海峡的女性。

那天早晨雾很大，她连护送她的船都看不到。15 个钟头之后，她很累，全身冻得发麻。她怀疑自己不能再游了，而且她朝加州海岸望去，除了浓雾之外什么也看不见。于是叫人拉她上船。人们把她拉上了船。

等到雾散了，查德威克才发现，人们拉她上船的地点，离加州海岸只有半英里！

后来，她对记者说："如果当时我看见陆地，也许我就能坚持下来。"她这话应该不是吹牛。这种心理我们每个人大概都有过，当你看到目标就在不远的前方时，你往往能鼓起余勇冲向目标。查德威克却因为看不清目标，而没有坚持到底，这在她一生中是唯一的一次。

古语说："不积跬步无以至千里"，"万丈高楼平地起"。其实生活中任何大事情都是由小事情组成的。大目标比较吓人，而小目标则容易达到。我们做事的时候，如果比较难，可以把它分解，一步一步地做。

一个中学生每天 6:30 起床。他的爸爸强迫他每天早晨 5:30 起床，6:00 读英语，一下子提前了一个小时，他感到太难了。妈妈出面调停，允许他 6:15 起床，他才欣然答应。半个月后，妈妈又让他提前 15 分钟起床，他也同意了。这样一步一步，过了两个月，他就能在 5:30 起床了。

渐进的发展不容易被人感觉到。举一个反面的例子。国外的心理学家做过一个实验，就是把青蛙一下子扔到热水里，它会因为被烫得受不了一下子跳出来；但是如果把青蛙先放到冷水里，而把水慢慢加热，青蛙就感觉不出来，直到后来被烫死。这就是说，逐渐发生的变化，不容易被人感觉到，而突然的巨大变化，则容易让人受不了。当然，我们应该正面地使用这个道理，懂得渐进对达成目标的作用。

学会放松才会赢

放松时，人的状态能发挥的最好，潜力能得到最大程度的释放。

人的潜力可分为生理的和心理的两种。奥林匹克运动会上，新纪录不断出现，标志着人的生理能力的极限不断被打破，从世界纪录创造者的惊人的生理能力看，人身上的生理潜力还大有发挥的余地。那么，人的心理潜力是否也大有发挥的余地呢？回答是肯定的。心理学家告诉我们，只要是身心健全的人，他们的心理潜力都不小，关键在于怎样科学地、巧妙地激发人的心理潜力。

心理学家认为，放松状态最有利于激发人的心理潜力。比如，坐在沙发里舒舒服服听音乐的时候，似乎一心在享受着音乐中美的旋律，不在理解和记忆上特别用力，这就是放松状态。放松状态也叫"假消极状态"。因为，这表面的放松和消极是一种假象，而这假象下大量的心理过程在展开：精神状态在形成，自由联想在浮现，个人情绪在起伏……而在这放松状态下展开的心理过程丝毫不使人感到疲劳。

孔子有个弟子叫颜渊，他向孔子讨教说："我曾经乘舟渡过一个深潭，艄公驾船的本领神奇莫测。我问艄公驾船到您这份上可以掌握吗？他肯定地回答说可以。善于游泳的人只要经过练习便可以学会，会潜水的人即使从未接触过船也能操作自如。对于艄公的一番道理，我不是特别理解，但是艄公又不肯作进一步解释，所以请先生给我讲一讲是怎么回事。"

孔子听了弟子的介绍，向颜渊解释说：游泳能手是不会惧怕水的，他对学习驾船不存在恐惧心理，心情完全是放松的；擅长潜水的人把陆上和水中看成一码事，把船行和车驶看成一回事，把翻船更不当一回事。所以，即使从没驾过船也能操舟自如，悠然自得。

孔子还给他打了一个生动形象的比喻：就好比一个参与赌博的人，用瓦块为赌注，心理毫无负担，赌起来轻轻松松，对输赢泰然处之反而常常获胜；他用衣物下赌，就有些顾忌；如果他用黄金下赌，那就会顾虑重重，心情紧张，生怕输掉赌资，从而患得患失。其实赌的规则和技巧都是相同的，由于产生怕输的心理负担，技巧就难以发挥，也就更容易输掉。

孔子总结说：凡是以外物为重，怀有恐惧心理的，内心必然怯弱，行为也因此显得笨拙犹豫。相反，对结果抱达观态度，姿态放松的，会表现出最好的水平。

孔子的结论符合心理学的规律。因为人在紧张的情况下，浑身肌肉收紧，思维也感到局促，甚至在极端的情况下，大脑会一片空白，还怎么能发挥出自己的能力呢？做的事情也不会有好的效果。只有在放松的情况下，你才能发现自己具有的潜力，因为在放松的情况下，你的才能会自然而然地发挥出来，也让你惊讶地发现自己平常所不了解的自身潜力。

在放松状态下，人们可以做平常做不到的事情。例如：印度的婆罗门教能使他的学徒很快记住《吠陀经》。而《吠陀经》以浩繁著称，共有四大卷，其中仅三卷就有十五万三千多个单词。这么多的单词，学生是怎样记住的呢？婆罗门教用来训练这种惊人记忆力的是瑜珈术。而瑜珈术能产生记忆奇迹的关键，是使学生处于放松的假消极状态。在这种状态下，一个人的记忆力最强，思维力最佳。

心理学家通过分析动机强度与行为效率的关系发现，各种活动多存在一个最佳的动机水平。这里的动机水平指的是，你有多么的渴望完成这项任务。动机不足或者过分强烈，都会使工作效率下降。

学习或工作的动机和效果之间有着相互制约的关系。在一般情况下，动机水平增加，学习或工作的效果也会提高。但是，动机水平并不是越高越好，动机水平超过一定限度，学习或工作的效果反而更差。美国心理学家耶克斯和多德森认为，中等程度的动机激起水平最有利于效果的提高。

同时，他们还发现，最佳的动机激起水平与作业难度密切相关：任务较容易，最佳激起水平较高；任务难度中等，最佳动机激起水平也适中；任务越困难，最佳激起水平越低。这便是有名的耶克斯——多德森定律（简称倒"U"曲线）。

在生活中，我们经常有这样的体会，有的事情，越想做好，越紧张，就越做不好，其实就是动机过强，不放松的原因。

据说演员演戏不是拥有越强的激情越好，而是要让自己处于适度的激情状态。因为激情过于强烈，也就是表演的动机过于强烈，反而会影响发挥的水平。可见动机适度定律适用的范围很广。

由俭入奢易，由奢入俭难

　　物理学有个实验：斜坡上端的小球，往下滑不费力，且越滑越快；而往上推，则要克服重力。"上坡"就是消耗一定能量，上升一定高度，同时也蓄积了一定的势能。势能也可转变为动能，一旦释放就成为物理学中的"下坡"。人生的"上坡"和"下坡"也是这样。

　　做父母的常有这样的体会，想要帮助和引导孩子建立一种良好的习惯，可能一次又一次地监督甚至强制，孩子的好习惯还是很难养成。而一种坏的行为习惯，不用教，孩子可能一下子就会了。父母不由地感叹：真是学坏容易学好难。

　　中国还有句古话"由俭入奢易，由奢入俭难"，也是同样的道理。

　　这似乎体现了人的一种天性：自由散漫一学便会，严守纪律、约束自己则难得多。人们说的"学好千日不足，学坏一日有余"就是这个意思。我们把这个心理定律叫做"下坡容易定律"。

　　那么人为什么会有这样的特点呢？这也许要从人性中的本能、欲望的低级需求中寻找答案。

　　人类学家的观点是，人性首先是动物性的。攻击、破坏、放纵是动物的本能。为了得到生存的环境，为了得到生育后代的权利，动物世界中弱肉强食，最强悍、有力、放纵的动物才能得以生存下来。由动物阶梯进化而来的人类，也许仍没有完全摆脱这种动物本能的影响。

而守纪律、讲信用、爱劳动、爱清洁、勤奋好学等优良的行为，属于人特有的社会行为，是需要长期培养才能形成的。在培养优良行为的时候，个体需要对本能加以克制和约束。而松散、贪心、懒惰、自私自利等坏的行为，则是受人的生存驱动力的影响、源于本能的低级需求，是对欲望的放纵行为，没有意志力的克制，就会自发地表现出来。

比如，孩子玩完了玩具，一扔便了事，既方便，又无需约束，不用学也做得到。这是来自人的本性中的自私和散漫。而大人要求孩子玩好了玩具放回原处，这种行为与本能相违，需要有意志力和自控力，而这种品质是需要长期而严格的相应训练，才能形成的。所以中国有句古话说："成人不自在，自在不成人。"

当你在不懈努力向上攀登的时候，当你在艰难的环境中力求上进的时候，你正在"上坡"。但是，你费半天劲攀登上去的坡，一不小心，可能一下子就滑下来。学好很难，就像爬上坡，意味着要不断地克服自己的惰性，不断地控制自己的欲望。而学坏却基本不用学就会。

比如以人类的本性，如果看到异性，可能会产生性冲动，那么如果像原始人那样，男人恐怕要见一个奸一个了。但是在文明社会里，那样却是不行的。即使再冲动，如果不符合法律和道德，也应该尽量克制自己。放纵当然容易，克制则是艰难的，这也许是人类文明的代价吧。但是克制会给我们带来更大的好处，就是一个文明有序也更有效率的生活。

此外，人类社会里，还有一个规律，就是破坏比建设要容易得多。有名的巴米扬大佛，已历经千年，是世界宝贵的文化遗产，可是一个晚上就被毁掉了。一片原始森林，也许长了许多年，可是一把火就能把它全部毁掉。辛辛苦苦挣来的钱，要想挥霍可以非常快，转眼就没有了……

　　这样的例子太多了。这个定律提醒我们不要放松提高自己，因为向上攀登不容易，往下出溜却是很快的。

遵从时尚是人的天性

不同的年代相应流行不一样的时尚，同样，按照不同的时尚也可以区分不一样的年代。自第一条牛仔裤诞生至今，牛仔裤已有过百年的历史了。由最开始为军需品，到后来形成潮流的符号，牛仔的风格由单一到多元再重新回归淳朴。

世界上第一条牛仔裤，是指 Levi's501 款，至今已有 109 年的历史，它用改进后的柔软布料做成。此前的廿多年，犹太青年 LeviStrauss 用耐磨的帆布做裤子卖给来美国的淘金者穿，没想到大受欢迎，他本人也成为牛仔裤的鼻祖。1925年，英国的 Lee 推出世界上第一条"拉链牛仔裤"。

30 年代是牛仔裤的初始流行阶段。40 年代，作为军需品，牛仔裤在战场上充分发挥了其结实耐磨的优良特性。

在叛逆的 50 年代，LeeCooper 将女装牛仔裤拉链从侧身改至中间，在社会上引起很大反响和争议。当时好莱坞明星马龙·白兰度、梦露都喜欢穿牛仔裤，使其成为年轻人追求的目标。

轻松时髦的 60 年代，美国出现了"嬉皮"，英国街头出现了"朋克"，这些玩世不恭的青年给牛仔装加入了游戏精神和叛逆色彩。服装不再单纯为了美，更为彰显个性，表达有些颓废的自我。此时的 LeeCooper 通过合并，成为欧洲最大的牛仔成衣制造商。

在豪放的 70 年代，牛仔裤文化成为主流，贵族与社会名流也将之收藏于衣柜中，不再对其有阶层的偏见。英国的安娜公主，埃及的法赫皇后，法国的蓬皮杜总统都喜穿牛仔装，更富有戏剧性的是，美国前总统卡特还身穿牛仔装参加总统竞选。70 年代末，牛仔裤传入我国，成为引人注目的焦点。

80 年代的特点是经济繁荣、思想活跃，牛仔裤被故意撕破，裂口、破洞、毛边成为最流行的标志。

到了返璞归真的 90 年代，重视环保、价值反思使牛仔裤的潮流趋向纯正、朴实。"红布边"、"不石磨"、"二手货"的流行，体现了世纪末牛仔装的回归与怀旧。

牛仔裤的精神是"自由"，这"自由"二字大约等同于我们概念中的"放纵"——随心所欲，我行我素，人性本真。这样的境界，可能是人人都渴望的，但未必人人都可及。可以说，到今天为止上至达官显贵，下至平民百姓，不同肤色，不同国度的人对牛仔裤的喜爱仍方兴未艾。牛仔裤之所以能跨越不同的国家和民族，受到不同社会阶层人们的喜爱，除了有实用的特点、独具匠心的设计外，时尚这一社会心理现象也在其中起了很大的作用。

时尚是一定时期中，社会上或某一集团中普遍流行的风气与爱好，是一种群体的心理状态。从服饰、发型等有形具体的东西，到歌曲、说话用词等无形抽象的东西，只要社会上一时崇尚，任何样式都可以成为时尚或流行，例如流行服饰、流行发式、流行色、流行家具、流行歌曲、流行语、流行动作、流行的思维方式等等。

时尚流行是否有规律可循呢？心理学家告诉我们是有的。

第一是新奇。每一种时尚的开始，都是以与众不同的形式出现的。它以最快的速度反映社会的某一现实状态，是新的社会行为规范和社会风俗形成的前驱。心理学家研究发现：时装的式样兴衰有一定的循环规律。如果一个人穿上离时兴还有五年的时装，会被认为是怪物；在前三年穿戴会被认为是招摇过市；提前一年穿会被认为是大胆的行动；在时尚的当年穿就被认为非常得体；一年后再穿就显得土里土气；五年后穿就成了老古董；十年后只能用来耻笑；可是过了三十年再穿人们又会认为很时髦、新奇。某种时髦在消失几年、十几年甚至几十年后，还会"东山再起"，形成一种循环。新奇是为了满足人们吸引别人注意的心理需要。

　　第二是从众。社会中对时尚趋之若鹜和视而不见的人都属少数，而绝大多数人都是以时尚的发展为审美取向转移的。因为人们普遍认为：合乎时尚的就是美的、进取的、好的，反之则是保守的、陈旧和不合时宜的。

人的天性倾向于竞争

　　有这样一个笑话：上帝向一个人允诺说："我可以满足你的三个愿望，但有一个条件——你在得到你所想要的东西的时候，你的敌人将得到你所得到的两倍。"于是这人开始提出自己的愿望，第一个愿望和第二个愿望都是一大笔财产，第三个愿望却是"将我打个半死"。

　　虽然这只是一个笑话，却说明人们的竞争意识有多么强烈，拼着自己挨点皮肉之苦，也要给敌人更大的苦头。现实生活中也不乏这样的例子。

　　在美国有这样一个真实的故事：一对夫妻因感情破裂而离婚，内心充满了对对方的仇恨。根据法官的判决，丈夫应该把自己财产的一半转让给妻子。于是丈夫开始出售自己的车、房。但想到让死对头平白无故得到一大笔财产，他感到很不甘心。一狠心，他竟将自己价值几百万美元的车和房以十美元的价格出售，当然结果是两败俱伤。

　　社会心理学家认为，人们与生俱来有一种竞争的天性，每个人都希望自己比别人强，每个人都不能容忍自己的对手比自己强。因此，人们在面对利益冲突的时候，往往会选择竞争，就算是拼个两败俱伤也在所不惜；就是在双方有共同的利益的时候，人们也往往会如那位丈夫一样，优先选择竞争，而不是选择对双方都有利的"合作"。这种现象被心理学家称为"竞争优势定律"。

心理学的秘密

《圣经》中有这样一个故事。有一天亚当和妻子生了两个儿子：老大该隐和老二亚伯。后两个儿子渐渐长大，老大种地，老二放羊。他们都想讨神的喜欢。亚伯就拿他羊群中头生的羊和羊的油脂献给神，而该隐则献上了地里出产的作物。神看中了亚伯和他的供物，却不喜欢该隐和他的供物。该隐知道后，非常忿怒。神就对该隐说："你为什么要发怒呢？你要是做得好，我不是同样也喜欢你吗？"该隐无话可说。他知道自己比不过亚伯的真心和能力，便暗暗地动了邪念。

有一天，亚伯来看该隐，两个人就聊了起来。该隐心想：这真是个好机会。于是他趁亚伯不注意，拿起身边的石头向兄弟打去，把对方打死，然后又把他埋了起来。过了几天，神问该隐说："你的弟弟亚伯在哪里？"该隐竟说："我不知道，我又不是看守亚伯的。"神当然知道该隐在说谎，便愤怒地诅咒他。这就是《圣经》中所记载的人类历史上的第一宗杀人案。它竟然发生在兄弟之间！

没有谁去教该隐与亚伯竞争，该隐只想让自己最讨神的喜欢，结果没讨上，只有把讨神喜欢的弟弟杀掉才解心头之恨。看来竞争和仇恨真的有点与生俱来。

但同样是在《圣经》中，又记载了这样一个故事：有一段时间，天下人的口音、言语都是一样的。他们想让自己的居住空间大一些，就往东边迁移，在一个叫示拿的地方遇见了一片平原，于是就住了下来。他们彼此商量说："来吧！我们应该做些砖，要把它烧得坚固些。"然后，他们烧成了砖。接着他们又说："来吧！我们要建造一座城和一座塔，塔顶要能通天，为了传扬我们的大名，免得我们分散在各个地方。"于是，他们开始动工。快建成的时候，神来了，发现城和塔建得果然壮观，便想："他们都说一样的话，如今齐心合力竟能做出这种事来。那么，以后，他们所要做的事就没有什么成就不了的了。"于是，神便乱了天下人的语言，众人被分散在地球的各个地方，再没有做成什么大事，只留下了个没建完的巴别塔（巴别就是"变乱"的意思）。

这一次，人类表现出来的是一种合作精神。当他们合作起来时，通天的塔都可以建成，显然，合作是最好的策略。但是，许多人还是宁可竞争而不愿意与人合作，比如该隐不和弟弟携起手来一起向神献礼，来赢得神的喜爱，而宁可把弟弟消灭掉。我们在日常生活中也会遇到一些看来平常，却可反映我们此类本性的事情。在上公共汽车时，明明知道依次上车会更快，可是一看到车进站后，众人仍会情不自禁地蜂拥而上，结果大家上车都慢了。人们仅仅在思考的时候，头脑常常可以保持理性，但一旦行动起来，人往往就是这样不理性，明知道谦让一下，合作一下会对大家都有好处，可是大家心里都想：凭什么要让我谦让，他怎么不谦让呢？最后谦让和合作还是不会发生，人们还是要陷入竞争。

这也是"竞争优势定律"的作用，或者说，人们的天性更加倾向于竞争而不是合作。

竞争是人的本性，人在和别人争夺有限的生存资源的过程中，形成了竞争。

而合作大多是在什么情况下发生的呢？在社会环境中，人们往往根据力量对比的大小来决定：自己应该选择竞争行为还是合作行为？如果对方的力量实在太大，那么，自己多半会选择与之联合共同完成任务，不愿意拿鸡蛋碰石头。但如果人们自己有更大的力量时，多半会采用竞争。就说明，竞争还是占优势的，合作往往是不得已而为之。看来，有权力的一方很容易得到合作。

与同伴沟通的能力在决定两个人之间的合作方面，有重要的作用。像建造巴别塔一样，信息交流可以大大增强合作行为。为什么呢？因为如果双方不进行信息交流，那么一般都会认为对方将采取竞争，那自己只好被迫参与。如果双方可以进行信息交流，坦诚相待，彼此信任，那么事情就好办多了。

此外，人的个性在很大程度上影响着自己采取合作行为还是竞争行为。一般来讲，成就动机高，一心想做出优异成绩的人，更易竞争；而交往动机强需要朋友的人多半选择合作。另外，好强的人比谦虚的人更易竞争。

要消除"竞争优势效应"的负面作用，就要推崇"双赢"理论。合作，应该成为集体的主旋律。合作为我们每一个人营造了发展的空间。著名的心理学家荣格有这样一个公式："我+我们=完整的我"。绝对的"我"是不存在的，只有融入"我们"的"我"。一个人要想实现自身价值，就必须与周围的人友好相处，精诚合作，实现优势互补，在竞争中共同发展。这实际上就是 WTO 中所推崇的"双赢"，"双赢"才是真正的"赢"。

林肯在作美国总统时，对政敌的态度引起了一位官员的不满。他批评林肯不应该试图跟那些人做朋友，而应该消灭他们。林肯十分温和地回答说："难道我不是在消灭我的敌人吗?"因为林肯是在化敌为友。

狄德罗效应的烦恼

18 世纪法国有个哲学家叫丹尼斯·狄德罗。有一天，朋友送他一件质地精良、做工考究的睡袍，狄德罗非常喜欢。可他穿着华贵的睡袍在书房走来走去时，总觉得身边的一切都是那么不协调：家具不是破旧不堪，就是风格不对，地毯的针脚也粗得吓人。于是为了与睡袍配套，他把旧的东西先后更新，书房终于跟上了睡袍的档次。可他后来心里却不舒服了，因为他发现"自己居然被一件睡袍胁迫了"。他把这种感觉写到一篇文章里——《与旧睡袍别离之后的烦恼》。

200 年后，美国哈佛大学经济学家朱丽叶·施罗尔在《过度消费的美国人》一书中，提出了一个新概念——"狄德罗效应"。就是说，人们在拥有了一件新的物品后，总是倾向于不断配置与其相适应的物品，以达到心理上的平衡。我们把这种规律叫做"配套定律"。

生活中的"配套定律"是随处可见的。例如，有人送了一只高档的手表，如果要戴上，就要陪以相应的衬衫、西裤、外套、皮带、皮鞋、领带，皮夹子也要换成真皮的，然后眼镜也要换成更 decent 的。然后要用香水，然后发型也要打理，吃饭也必须出入更高级的餐馆，开销越来越大。还有，人们说"女人的衣橱里永远少那么一件衣服"，"那一件"就是配套定律中用来和不同的场合、不同的鞋子、不同的首饰、不同的手包相搭配的衣服。

心理学的秘密
XIN LI XUE DE MI MI

人们买到一套新住宅，为了配套，总要大肆装修一番，铺上大理石或木地板，配红木等硬木家具。而出入这样的住宅，自然不能破衣烂衫，要有"拿得出手"的衣服与鞋袜……就此"狄德罗"下去，也许有一天忽然发现男主人或女主人不够配套，可能就走上了离妻换夫的路子。

这种现象本质上倒是没有好坏对错之分，可以说是有利有弊。在促进国民经济发展的方面，它可以促进消费和"内需型经济增长"，是好事。但是对于个人来说，我们也应看到，人的欲望没有穷尽，而我们在一定阶段的财力是有限的，虽然"人往高处走"，但也应把握"适度原则"，避免环环相扣的"配套"，让自己透支。比如购物的时候先给自己一个定额，钱花光了就停止刷卡；一个时段制定一个要求标准，要求暂时达到了，就停止进一步求索。

商朝的时候，箕子看到纣王开始用象牙筷子吃饭，非常不安，认为商朝将要衰落。箕子说，大王现在用了象牙筷子，将来就一定还要把杯子也换成玉杯与之搭配；用了玉杯，将来一定会追求精美的食物与餐具相配，这样下去，大王的生活一定越来越奢侈，国家将就此衰落。

此后事情发展果不其然，如其所料。

心理控制定律

当不能直接改变他人时，可以通过间接地控制别人以达到自己的目的。

古代阿拉伯有这样一个故事。有个叫哈桑的人，借给一个商人2000金币，可是第二天不小心把借据弄丢了，到处找也找不到，急得他直冒汗。妻子在一旁，不停地抱怨他。哈桑赶忙跑去找他最要好的朋友纳斯列丁，让他给出个主意。

"如果那个商人知道我丢了借据，就不会把钱还我了，真主在上，那是2000金币啊！"哈桑对纳斯列丁说，"我手头再也没有任何关于这笔借款的证据了。"

"商人借钱时没有第三个人知道吗？"纳斯列丁问。

"只有我妻子知道，但那是商人把钱借走之后，我才告诉她的。"

"那等于说，鱼儿跑了，你才撒下网去。"纳斯列丁说，"商人借钱的期限是多长时间？"

"时间是一年。"

纳斯列丁沉思了片刻，为哈桑想出了个主意："你可以向那个商人要一个借钱的证据。"

"什么？向借钱的人要借钱的证据？"哈桑困惑不解，觉得很荒唐可笑。

"对，只能这样。"纳斯列丁说，"你马上给商人去封信，要求尽早归还你借给他的 2500 金币。"

"2500 金币？我只借给他 2000 金币啊。"

"你去信催要 2500 金币，他肯定立刻复信，说明他只欠你 2000 金币。这样一来，你不就有证据了吗？"哈桑一听有理，便写了一封信，对于为什么要急着催这笔借款，理由说得很充分。果然，不到 10 天，商人回了一封亲笔信，信中写道："……你发生了一点特殊情况，问我能不能提前偿还这笔借款，我不能照你要求的去做。因为我们商定的借期是一年，我是按借款日期安排我的买卖的。至于说到借款的数目，你肯定搞错了！我只借了 2000 金币，绝不是 2500 金币，你那里有我亲自写的证据。你是不是把别人的借款弄到我头上来了？真主在上，我借的是 2000 金币，绝不是 2500 金币……"

哈桑拿着这封信，高兴地去找纳斯列丁了。

有时候我们想要对方做自己希望他做的事时，对方并不愿意做。如果直截了当，直来直去，只会心急吃不了热豆腐。但是如果你换一个思维，先去掌握对方的心理特点，使用诱导的方法，让对方自动去做你想让他做的事，就可能间接达到你的目的。这就是"心理控制"。

比如故事中的哈桑，如果直截了当去跟商人说明情况，商人除非道德高尚，否则很可能不承认这笔借款，而且只会在心里暗自高兴，因为自己可以不用还款了。

直接的办法肯定不管用。而他的朋友纳斯列丁一定是精通心理控制术的人，给他出了个主意，就是给商人设个套，让他自己往里钻，主动写出借钱的数额，成为了新的借据。

心理控制又叫"摄心术"，在古时又被称为"摄魂大法"，是一种控制人的心理、行为、意识的技术。古代的心理控制（摄魂大法）常与宗教、占卜、权威以及医学结合在一起，在现代高科技社会，心理控制一般又被称作"催眠术"。

心理控制包括自我控制和他人控制（或控制他人）；自控或他控都是通过一定的心理信息传递实现的。而心理信息传递最通常的方式是语言；当然还有一些非语言的方式，如表情、动作、舆论等。它的应用范围十分广泛，每个人在日常生活中都会遇到一些心理控制或"摄心术"的情况。推销商品、电视广告、政治选举、做买卖、谈生意、争取他人信任、骗人、迷惑人都属于心理控制技术。心理控制也常被用于心理治疗。

我们需要提防的是利用心理控制进行诈骗的行为。这就要求我们要保持一种清醒的状态，并要有丰富的知识。因为知识和文化素质越高，越善于对各种事物持批判态度，例如古代的村落、部族中巫师的摄心术最流行，但在现代社会有一定文化素养的人看来，就显得十分可笑。另外我们要提高自信力，保持独立的思考和判断力，才能摆脱他人的控制。